Ana Mercedes Diaz de Iparraguirre

Circularidad: un freno a la pérdida de Biodiversidad

Ana Mercedes Díaz de Iparraguirre

Circularidad: un freno a la pérdida de Biodiversidad

Un freno a la pérdida de la Biodiversidad

Editorial Académica Española

Imprint
Any brand names and product names mentioned in this book are subject to trademark, brand or patent protection and are trademarks or registered trademarks of their respective holders. The use of brand names, product names, common names, trade names, product descriptions etc. even without a particular marking in this work is in no way to be construed to mean that such names may be regarded as unrestricted in respect of trademark and brand protection legislation and could thus be used by anyone.

Cover image: www.ingimage.com

Publisher:
Editorial Académica Española
is a trademark of
Dodo Books Indian Ocean Ltd. and OmniScriptum S.R.L publishing group

120 High Road, East Finchley, London, N2 9ED, United Kingdom
Str. Armeneasca 28/1, office 1, Chisinau MD-2012, Republic of Moldova, Europe
Managing Directors: Ieva Konstantinova, Victoria Ursu
info@omniscriptum.com

Printed at: see last page
ISBN: 978-620-0-02978-2

DEDICATORIA

A Dios todopoderoso y a la Virgen María

Por darme la fortaleza, la tranquilidad, la paz y el ánimo para seguir cada camino emprendido y brindarme aliento a través de la oración para superar los momentos más difíciles.

A mi Esposo Miguel Angel

Que desde el cielo, su amor y su espíritu me acompañan en cada camino recorrido para superar los momentos duros de su partida

A mis hijos

Walter que desde el cielo su amor me acompaña, Annather por su muestra de afecto y cariño. A mis hijos Ana Carolina y Miguel Angel, los cuales con su amor, cariño, comprensión, compañía y apoyo material, han sido mi motivación para culminar los caminos emprendidos y emprender nuevos proyectos.

A mis nietos

Katherin, Marbel, María del Rosario, Anthony, Santiago, Tomás, Mariangela y Sarita por la felicidad y el amor que me han brindado.

A mis padres y Hermanos

Mama y Papa que desde el cielo me protegen, mis hermanos Bertha, Ramón, Eligia, Yesenia, Roger, Elvis, Mery y Erick , mis tías Teresita y Aurita por su comprensión en los momentos de dolor compartidos, y a mi mascota Toby, por su fiel y amorosa compañía.

Ana Mercedes Díaz de Iparraguirre
C.I.V. 4019420
E-mail: anamer49@yahoo.com
Móvil: + (58) 424 3177722
ORCID: 0000-0002-2241-81

Resumen

La sobreexplotación de los recursos ha llevado a comprometer su disponibilidad para el desarrollo de las actividades en el tiempo. Esta realidad ha generado situaciones adversas las cuales con frecuencia afecta el equilibrio del medio ambiente. En ese orden, la economía lineal, que se desarrolla en etapas sucesivas de extracción, procesamiento, utilización y eliminación de productos y materiales, no es sostenible en el tiempo, dado que, durante el proceso, se originan residuos y subproductos susceptibles que no son retornados al circuito productivo porque son destinados a su eliminación por incineración, destrucción o depósito en vertederos.

Esta situación ha conducido a identificar prioridades para consolidar una economía más competitiva, responsable y sostenible, donde la innovación es esencial para el progreso, y el bienestar de la humanidad. En ese contexto, la crisis de la biodiversidad debida a la extracción, la producción, el desperdicio, la contaminación y el procesamiento de los recursos naturales está llevando al planeta a su sexta extinción, junto a la pérdida de un millón de especies en las próximas décadas. Por otro lado, las prácticas agrícolas no convencionales han provocado la pérdida de habitat natural y contaminación del aire y el agua por la sobreexplotación de los recursos naturales, y la emisión de gases de efecto invernadero y otros contaminantes por la produccion y procesamiento de materias primas en forma descontrolada que hacen que la biodiversidad sea un tema en la agenda mundial. En vista de esto, se requiere la transformacion del sistema de producción y de consumo, para revertir la pérdida de ella, para el 2030, y la forma de fabricar, usar y reutilizar el producto, con el fin de ayudar a la regeneración de la naturaleza. En este artículo se analizan las causas de la pérdida de biodiversidad para reducir las amenazas de contaminación al medio ambiente a través de la Circularidad para ser sostenibles ambiental y empresarialmente.

Palabras claves: Circularidad, biodiversidad, sostenibles ambiental, Empresarialmente

Abstract

The overexploitation of resources has led to compromising their availabity for the development of activities over time this realities has generated adverse situations Which frequently affect of balance of the environment .In this order, the linear economy which is developed in successive stages of extraction, processing, use and disposal of products and materials is not sustainable over time, give that, during the process, waste and susceptible by-products generated, that are no returned that productive circuit because they are destined for disposal by incineration, destruction Or deposit in landfills.

This situation has led to identifying priorities to consolidate a more competitive, responsibility and sustainable economy, were innovation is essential for progress, and the well- being of humanity.in this context, the biodiversity Crisis due to the extraction, production,, waste, pollution, and processing natural resources is leading the planet to it's the sixth extinction, along with the loss a million species in the next few years decades. a the other hand, unconventional agricultural practices have caused the loss natural habitat and air and water pollution

Due of the overexploitation of natural resources and the emission of greenhouse gasses and other pollution from the production and processing of raw materials in an uncontrolled manner that make biodiversity an issue on the world agenda. In view of this, the transformation of the production and consumption system is required To reverse the loss of it, by 2030, and the way of manufacturing, using and reusing The product in order to help the regeneration of the nature. This article analyzes the causes of biodiversity loss to reduce the threats of pollution to the environment through the circularity to be environmentally and business sustainable.

Keywords: circularity, biodiversity, environmental, sustainability, business- wise

Introducción

La economía aún está atrapada en un modelo lineal de producción y consumo donde la contratación, la normativa y las pautas de comportamiento, se debilita cada vez más, bajo la presión de tendencias disruptivas. Ahora bien, en vista que el entorno mundial, cuenta con recursos limitados la innovación y el avance de la tecnología han tenido una gran influencia en la corrección de las agresiones al medio ambiente. En vista de ello, la necesidad de una transición hacia un modelo de economía circular es objeto de atención, por parte de la sociedad civil, los responsables gubernamentales y empresariales de gran parte del planeta.

En ese orden, la innovación como elemento clave para una transición que requiere contar con tecnologías, procesos, servicios y modelos empresariales para lograr el cambio hacia un nuevo modelo económico el cual plantea que el sistema educativo promueva la concienciación sobre la necesidad de hacer un uso responsable de los recursos, y conduzca a la concepción de nuevos perfiles técnicos y profesionales, sin olvidar la exigencia de inducir cambios radicales en los modelos de producción, distribución y consumo que actualmente están arraigados en numerosos esquemas de comportamiento social, político y económico.

En ese contexto, un modelo económico basado en los principios de la economía circular representa el mejor camino para corregir parte de los errores y agresiones cometidos en el pasado, en relación con los recursos del planeta y la sostenibilidad de los mismos: ofreciendo un marco viable para ese cambio transformador, al desvincular la prosperidad económica del consumo de recursos y la degradación ambiental, crea oportunidades para un nuevo y mejor modelo de crecimiento, que ayude a proteger y recuperar la biodiversidad, y que tambien brinde beneficios para toda la sociedad, para enfrentar el cambio Climatico, mejorar la calidad del aire y el agua y reducir el costo de acceso a bienes y servicios.

En vista de esto, la Plataforma Intergubernamental sobre Biodiversidad y Servicios de los Ecosistemas (IPBES) (2020), global Biodiversity less can Only be tackled through transformativa Economic, social, Political, and technological changes; busca ir mas alla de los esfuerzos de conservación y restauración, para transformar la forma en que se fabrica, usan y reutilizan los productos, con el fin de rediseñar la economia y lograr un futuro positivo para la naturaleza. .

Eliminando por ejemplo, los plásticos innecesarios, rediseñándolo para que mantengan valor después de su reutilización, reciclaje o compostaje para que circulen en la economia en lugar de ser desperdiciados y contaminen el medio ambiente, porque la reducción de la demanda de recursos naturales reduce la pérdida de biodiversidad. Por otra parte, el sector de la electrónica, el usar metales reciclados en los dispositivos conlleva excavar menos minas, dejando espacio para la biodiversidad y evitando emisiones de gases de efecto invernadero y de contaminación.

Por otro lado, los enfoques agrícolas regenerativos como la agroecologia, la agrosilvicultura y el pastoreo controlado, sus prácticas tienen muchos beneficios, al secuestrar el carbono en el suelo, aumenta la biodiversidad en los ecosistemas circundantes al permitir que las tierras agrícolas continúen siendo productivas en lugar de degradarse con el paso del tiempo, al controlar la expansión de las granjas. En otro orden, las empresas, el sector financiero y los responsables políticos para la transición hacia una economía circular está aumentando, dado que, más empresas de todos los sectores estan adoptando principios circulares para generar valor, impulsar la innovacion y aumentar la competitividad.

Ahora bien, en relación a los bienes de consumo empaquetados, las cadenas de valor se estan transformando debido a la regulación, la presion pública y la innovacion. Por otra parte, el sector financiero, tiene un interés creciente por la economia circular, ya que lo considera como parte de la solucion para cumplir con los objetivos ambientales, sociales y de gobernanza (ESG), Environmental, Social and Governance (2021), al mismo tiempo que impulsa el crecimiento economico. Por otro lado, los gobiernos de muchos países europeos estan acelerando la transicion debido a que la economia circular es un pilar clave en el Pacto Verde Europeo y se estan promulgando hojas de ruta y legislación referente a la economia circular en mercados clave de   China y UE.

En el mismo orden, los marcos politicos estan surgiendo en mercados en America Latina, con Chile a la cabeza, debido a que empresas líderes están comenzando a conectar sus ambiciones de biodiversidad con sus planes de economía circular, esto debido a que el marco político de la economía circular es considerado un mecanismo de ejecucion para cumplir sus ambiciones en relación a la biodiversidad; recurriendo para ello, con una estrategia de tres pasos:

- Evaluando los impactos y la dependencia de la biodiversidad y estableciendo objetivos basados en la ciencia.
- Identificando las oportunidades de la economia circular que ayuden a alcanzar esos objetivos, algunos de los cuales ya podrian estar siendo perseguidos por la empresa.
- Colaborando a lo largo de las cadenas de valor para desarrollar soluciones innovadoras que puedan generar cambios a nivel sistémico, y brindar muchos beneficios a traves de acciones comerciales individuales, esto debido a la colaboracion entre cadenas de valor que pueden generar un valor mucho mayor y un impacto positivo mejorado.

En vista de ello, un contexto político a nivel internacional y nacional, es clave para lograr un cambio transformador, dado que el Convenio sobre la Diversidad Biologica (CDB) (2024), reconoce que se necesita una acción política para transformar los patrones de consumo y produccion. En vista de lo cual, los gobiernos y las empresas estan comenzando a trabajar para valorar la naturaleza en los sistemas de contabilidad financiera y económica, ya que el costo de la inacción se siente tanto en las politicas como en la toma de decisiones corporativa. En ese orden, al materializar estos cambios, los gobiernos pueden construir un enfoque integral de economía circular como se establece en el Convenio (CDB)

Entre los *Objetivos universales de políticas para la economía circular* de la Fundacion Ellen MacArthur (2021); se señala que la Combinación de la implementación del Marco Global de Biodiversidad Post -2020 (2024), podría aprovechar el estímulo económico y los flujos financieros para permitir nuevas formas de crecimiento, en lugar de utilizar el Modelo lineal actual, que es contaminante, y destructivo para los ecosistemas naturales y la biodiversidad. Por otro lado, las empresas y los gobiernos pueden unir sus ambiciones de crecimiento económico para hacer frente a la pérdida de biodiversidad al elevar su enfoque hacia la transformación empresarial basada en los principios de la economía circular.

Este enfoque, creará nuevas formas de crecimiento económico, traerá prosperidad social y permitirá que la naturaleza prospere. Este artículo, busca analizar las causas de la pérdida de biodiversidad, para reducir las amenazas a ésta y ser sostenibles ambiental y empresarialmente, este se hará metodológicamente a través de la revisión bibliográfica de varios artículos relacionados con la temática estudiada, para contrastarlos y registrar sus hallazgos, conclusiones, reflexiones del autor y referencias

Capítulos

Cap.I.- Regenerar la naturaleza significa transformar la economía.

Según la fundación Mac Arthur (2021), en los últimos 70 años, el mundo ha experimentado un aumento en su actividad económica Global. Este crecimiento ha traido mayor prosperidad para muchos, pero ha sido impulsado por la extracción de recursos naturales, cuyo nivel ha excedido el ritmo en el que la tierra puede renovarlos, a partir de la década del 2020 se estimó que se necesitarían 1,6 tierras para regenerar los recursos biológicos que la sociedad demanda. En vista de esto, el sistema económico lineal actual de "extraer-producir desperdiciar" impone una enorme carga sobre la naturaleza: dado que, la extracción y el procesamiento de recursos naturales representa más del 90% de la pérdida de biodiversidad y estrés hídrico.

Esas presiones se han atribuido principalmente a las principales cadenas de valor como la alimentación, el medio ambiente construido, la energía y la moda, por ende, se necesita un cambio transformador en nuestros los patrones de producción y consumo para detener y revertir la pérdida de biodiversidad. Por otro lado, organizaciones científicas líderes en el campo han establecido que para hacer frente a la pérdida de biodiversidad con éxito: la conservación y restauración de la naturaleza por si solas no será suficiente y abordar los impulsores individuales de la pérdida de biodiversidad de manera aislada tampoco bastará.

Dicho cambio es el núcleo del Objetivo de Desarrollo Sostenible 12 de las Naciones Unidas (Produccion y Consumo Responsables) y contribuye a cumplir otros ODS, relacionados con la vida en la tierra, el mar, y con el cambio climático. Cabe señalar que la IPBES (Plataforma intergubernamental sobre biodiversidad y servicios de los ecosistemas) (2020), reconoce que dicha transformación sólo puede tener lugar en el contexto de cambios sustanciales en las visiones del mundo, las normas, los valores y las estructuras de gobernanza sobre una base per cápita, donde el grupo de ingresos altos mantiene niveles de consumo que dejan una huella material, de un 60% más altos que el grupo de ingresos medios-altos y 13 veces el nivel de los grupos de ingresos bajos. Según Panel Internacional de Recursos, *natural resources for the future we want* (2019)

Algunas industrias y empresas representan la mayor parte de esto, ya sea directamente a través de su dependencia de los recursos naturales o indirectamente a través de sus operaciones en los niveles superiores de la cadena de suministro. PBL Agencia de Evaluation Ambiental de los Paises Bajos, *Business for biodiversity: mobilising business towards net positive impact* (2020): La economía circular puede desempeñar un papel importante para detener y revertir la pérdida de biodiversidad a través de los cinco principales impulsores directos de la pérdida de biodiversidad, identificados por la IPBES (2020):

- Reduciendo la cantidad de tierra necesaria para proporcionar recursos a la economia (ocupándose de los cambios en el uso de la tierra y el mar)
- Gestionando recursos renovables como las poblaciones de peces a largo plazo (encargándose de la explotación directa de organismos y recursos naturales)
- Reduciendo las emisiones de gases de efecto invernadero en toda la economia para enfrentar el cambio climático
- Eliminando la contaminación en cada etapa del ciclo de vida de un producto para hacer frente a la contaminación
- Eliminando los residuos que a través de las especies exóticas invasoras pueden transportarse a nuevos ecosistemas enfrentándose a las especies exóticas invasoras)

Esto lo hace ocupándose de la causa subyacente de los cinco impulsores: de la extracción y el procesamiento de recursos. En una economia circular, la necesidad de recursos virgenes se reduce drasticamente, ya que, estos se mantienen en uso durante más tiempo, se gestionan de forma más productiva y no se desperdician. Por lo tanto, la economía circular es crucial para cambiar la curva de la pérdida de biodiversidad; en ese orden, los esfuerzos para conservar la naturaleza manteniendo las areas silvestres en todas las escalas (siendo lo más importante a nivel del paisaje), serán cruciales para salvaguardar la biodiversidad. Sin embargo, estos esfuerzos serán insuficientes, a menos que estén aliados con una transformacion de la economia.

En ese contexto, La Circularidad es un marco para la transformación y creando soluciones sistémicas que hace frente a desafíos globales como el cambio climático, la pérdida de biodiversidad, los residuos y la contaminación. Tiene tres principios, todos impulsados por el diseño:

- Basado cada vez más en energías y materiales renovables, y acelerado por la innovación digital, es un modelo económico más resistente, distribuido, diverso e inclusivo.
- Al igual que en la naturaleza, la economia circular no genera residuos porque los productos, materiales y nutrientes se mantienen en uso y circulan en la economía o se devuelven al medio ambiente para apoyar la salud del ecosistema.

Principio 1: Preservar y mejorar el capital natural, controlando las reservas finitas y equilibrando los flujos de recursos renovables, desmaterializando la utilidad y ofreciendo ventajas cualitativas y de forma virtual siempre que sea posible. Cuando se necesitan recursos, el sistema circular los selecciona de forma sensata y elige tecnologías y procesos que utilizan recursos renovables o de mayor rendimiento, siempre que sea viable. La economía circular preserva y mejora el capital natural alentando los "flujos de nutrientes" dentro del sistema y generando las condiciones para la rogcneración.

Principio 2: Optimizar el rendimiento de los recursos distribuyendo productos, componentes y materias procurando su máxima utilidad en todo momento, tanto en los ciclos técnicos como biológicos. Esto implica diseñar para refabricar, reacondicionar y reciclar con el propósito de mantener los componentes técnicos y materias circulando, contribuyendo de este modo a optimizar la economía. En ese orden, los sistemas circulares utilizan bucles internos más reducidos, como ocurre, por ejemplo, a la hora de priorizar el mantenimiento o la reparación siempre que resulte posible, antes de proceder al reciclaje, preservando y recuperando energías latentes y otros activos productivos. Los sistemas circulares maximizan también el número de ciclos consecutivos y/o el tiempo empleado en cada ciclo, aumentado la vida útil de los productos y favoreciendo la reutilización.

A su vez, compartir recursos incrementa el grado de utilización de productos y de reutilización de subproductos y residuos valorizables. Los sistemas circulares promueven también que los nutrientes biológicos vuelvan a entrar en la biosfera de forma segura, para que su descomposición genere materias valiosas susceptibles de ser incorporadas a un nuevo ciclo. En el ciclo biológico, característico de las actividades agrícolas, ganaderas y pesqueras, los productos están "diseñados" naturalmente para ser consumidos o metabolizados, y para regenerarse dando lugar a nuevos recursos. En el caso de las materias biológicas, la esencia de la creación de valor consiste en la oportunidad de extraer valor adicional de los productos y materias mediante su paso en cascada por sucesivas etapas y aplicaciones.

Cuando se trata de optimizar los ciclos técnicos, lo oportuno es intentar "imitar" los mecanismos de los ciclos naturales. Al igual que en el sistema lineal, buscar el mayor rendimiento a todos los niveles resulta siempre ventajoso y útil, pero el proceso, en cualquier caso, requiere de continuas mejoras. Sin embargo, a diferencia del sistema lineal, el sistema circular no pone en peligro ni la eficacia en términos absolutos, ni el rendimiento final.

Principio 3: Promover la eficacia de los sistemas detectando y eliminando del diseño los factores negativos externos. Esto incluye evitar, o al menos reducir, los posibles daños en ámbitos tales como la alimentación, la movilidad, la educación, la sanidad y el ocio, y controlar adecuadamente los factores externos de importancia, tales como el uso del suelo, la contaminación del aire y del agua, o el vertido de sustancias tóxicas.

En vista de ese contexto, la economia circular es una agenda de cambio de sistemas que presenta oportunidades para generar un mejor crecimiento. Más allá de ocuparse de los síntomas de la economia actual, derrochadora y contaminante, la economia circular representa una oportunidad para generar valor en formas que beneficien a la sociedad, las empresas y el medio ambiente, ofreciendo asi el potencial para contribuir sustancialmente a la consecución de los Objetivos de Desarrollo Sostenible. Estas soluciones, que pueden ampliarse a gran escala rapidamente y son aplicables en cualquier parte del mundo, reducen la probabilidad de futuros impactos y crean una mayor resiliencia.

La economia circular se sustenta en el diseño, que impulsa la innovacion que aprovechan las tecnologias digitales en una variedad de oportunidades. Hace frente a los cinco principales impulsores directos de la pérdida de biodiversidad, identificados por la IPBES(2020):

- Reduce la cantidad de tierra necesaria para proporcionar recursos a la economia (ocupándose de los cambios en el uso de la tierra y el mar)
- Gestiona recursos renovables como las poblaciones de peces a largo plazo (encargándose de la explotación directa de organismos y recursos naturales)
- Reduce las emisiones de gases de efecto invernadero en toda la economia (haciendo frente al cambio climático)
- Elimina la contaminación en cada etapa del ciclo de vida de un producto (haciendo frente a la contaminación)
- Elimina los residuos a través que las especies exóticas invasoras pueden transportarse a nuevos ecosistemas (haciendo frente a las especies exóticas invasoras)

Por lo tanto, la economía circular es crucial para cambiar la curva de la pérdida de biodiversidad. Los esfuerzos para conservar la naturaleza manteniendo las áreas silvestres en todas las escalas), serán cruciales para salvaguardar la biodiversidad. Sin embargo, estos esfuerzos serán insuficientes, a menos que estén aliados con una transformacion de la economia. La economía circular puede desempeñar un papel importante para detener y revertir la pérdida de biodiversidad

- Eliminando los residuos y la contaminación
- Circulando los productos y materiales

- Regenerando la naturaleza

Cada principio de la economía circular tiene un papel que desempeñar a) eliminando los residuos y la contaminación, b) para reducir las amenazas a la biodiversidad. En una economía circular se elimina desde el diseño, la descarga en la naturaleza de sustancias nocivas para la biodiversidad, como por ejemplo, a) productos químicos peligrosos, b) gases de efecto invernadero, y c) materiales innecesarios de un solo uso, es decir, los residuos y la contaminación. Lograr esto significa ver los residuos y la contaminación como fallos del diseño y adoptar nuevos modelos comerciales, materiales y tecnologías para eliminarlos. En cada parte de la cadena de valor, producción, uso, hasta uso posterior, se incluye rediseño de materiales, productos y sistemas. *Por ejemplo:*

Alimentación: la adopción de prácticas para obtener resultados regenerativos puede reducir o eliminar la necesidad de fertilizantes sintéticos, pesticidas y otros insumos que dañan la biodiversidad en las granjas y más allá de ellas, al contaminar las vías fluviales y emitir gases de efecto invernadero

Moda: diseñar ropa que use tintes no tóxicos y telas más resistentes o biodegradables de forma segura, ayuda a evitar la fuga de sustancias peligrosas y microfibras al medio ambiente

Envases y Empaques de plástico: eliminar los elementos de embalaje no esenciales, como las peliculas plásticas desprendibles, el uso de materiales innovadores que sean comestibles o el rediseño de productos y modelos de negocio para que no necesiten envases. Todas estas intervenciones en el diseño ayudan a evitar la generacion de residuos plásticos

La economía circular es un marco para la transformación circular los productos y materiales a fin de dejar espacio para la biodiversidad Al circular los productos y materiales, la economía circular puede ayudar a satisfacer la demanda de bienes y servicios de la sociedad con muchos menos recursos vírgenes, reduciendo sustancialmente los impactos negativos sobre la biodiversidad, debido a su extracción y procesamiento. En otro orden, Bucles de mayor valor requieren un menor reprocesamiento de productos y materiales, como los modelos para compartir, revender y reparar, los cuales deben priorizarse siempre que sea posible.

Los bucles de menor valor, como la reutilización y el reciclaje, también son atractivos cuando no es posible una mayor recirculación. Hacer realidad estas oportunidades requiere: innovar con nuevos modelos de negocio, rediseñar productos para múltiples ciclos de uso y desarrollar infraestructura que permitan su circulación. Por ejemplo en:

a) Entorno construido: el diseño de edificios usando componentes de hormigón modular reutilizables reduce la demanda de arena, cuya extraccion perjudica a las poblaciones locales de vida silvestre y se produce a tasas superiores a las que se puede reponer naturalmente.

 b) bienes duraderos: el uso de metales reciclados en dispositivos electrónicos supone disminuir la necesidad de procesar metal y excavar minas, lo que deja más espacio para la biodiversidad y evita las emisiones de gases de efecto invernadero y la contaminación asociada con la produccion de metales.

MODA: mantener la ropa hecha de fibras naturales en uso durante más tiempo, suponiendo que la compra de ropa nueva también sea reemplazada, reducirá la demanda de fibras virgenes y la tierra necesaria para cultivarlas, dejando más espacio para otros usos de la tierra, incluido el preservacion de la naturaleza. La economía circular es un marco para la transformación regenerar la naturaleza para permitir que la biodiversidad prospere Es posible y necesario ir más allá de la reducción de los efectos negativos de la actividad económica sobre la biodiversidad y hacia su empleo activo para regenerar los sistemas naturales.

La producción regenerativa puede ayudar a lograr esto creando las condiciones para permitir que la biodiversidad subterránea y aérea prospere dentro y más allá de las áreas gestionadas, asegurando la provisión a largo plazo de servicios Ecosistémicos críticos de los que depende la sociedad (por ejemplo, el suministro de alimentos y agua limpia, la protección contra inundaciones y el ciclare de nutrientes) y previniendo la degradación de la tierra. *Por ejemplo:*

1) Producción de alimentos en la tierra: el diseño de productos alimenticios con una amplia gama de ingredientes producidos de forma regenerativa promueve la biodiversidad, al apoyar los sistemas agrícolas que cultivan alimentos de manera que, por ejemplo, mejoren la salud del suelo, el secuestro de carbono, la calidad del aire y el agua y eliminen la necesidad de insumos sintéticos dañinos.

2) Producción de alimentos y materiales en el mar: el cambio de prácticas extractivas a modelos que mejoren de manera proactiva la biodiversidad, como el cultivo de mariscos y algas marinas en granjas oceánicas verticales, puede crear agro ecosistemas saludables que filtran el agua, absorben el exceso de nutrientes y capturan carbono al mismo tiempo que producen alimentos, piensos, fertilizantes y biomateriales.

3) Silvicultura: basarse en enfoques de gestión forestal como la silvicultura de cobertura continua y el empleo de prácticas como el uso de rodales mixtos, la preservacion de árboles veteranos y dejar la madera muerta, puede ayudar a crear sistemas de producción de madera que regeneren la biodiversidad, al limitar de forma proactiva la alteración del hábitat y mejorar la salud del suelo y calidad del agua.

Beneficios de la economía circular para la biodiversidad Las empresas y los formuladores de políticas pueden aplicar los principios de la economía circular a lo largo de toda la economía para generar beneficios para todo el sistema. En vista de ello, se han considerado cuatro sectores para hacer frente a la pérdida de biodiversidad:

• Alimentación

• Entorno construido

• Moda

• Envases y empaques de plástico

Aunque el mismo pensamiento se aplica a todos los sectores. La economía circular genera valor a través del rediseño de productos para la longevidad y la capacidad de reparacion, las plataformas digitales de reventa y uso compartido, la remanufactura, innovacion de materiales y produccion regenerativa. Las tecnologias e innovaciones digitales, tales como la inteligencia artificial y las soluciones del Internet de las cosas, desempeñan un papel importante en permitir adoptar y optimizar estas oportunidades circulares.

Para las empresas, las practicas circulares pueden impulsar la competitividad al generar nuevas fuentes de ingresos a traves de nuevos modelos de negocio, reduciendo los costos de materiales, estimulando la innovacion y reduciendo los riesgos asociados a la interrupción de la cadena de suministro y la volatilidad de los precios de los recursos. Para los formuladores de políticas, un cambio de toda la sociedad hacia la economia circular representa un marco para el desarrollo económico que ayuda a alcanzar los objetivos sobre biodiversidad, cambio climático, mejoras en la salud y el bienestar humanos y la creación de empleo.

En el mismo orden, la aplicación de los principios de la economia circular en los cuatro sectores de enfoque ayuda a hacer frente a la pérdida de biodiversidad y al mismo tiempo ofrece muchos beneficios, dado que, más empresas líderes de todas las industrias estan adoptando y asumiendo compromisos con los principios de la economia circular en su actividad central. Empresas creadas recientemente, como The RealReal y Rent the Runway, valoradas de forma independiente en casi USD 1 000 millones, ofrecen a los clientes ropa de segunda mano de alquiler o por suscripción.

En otros sectores, la empresa de tecnologia en salud Philips ofrece productos y servicios circulares (2019), que fueron responsables de generar el 13% de sus ingresos (que pretenden aumentar hasta el 25% para 2025. A medida que estos esfuerzos se intensifican, la economia circular ha comenzado a transformar industrias enteras. En la moda, por ejemplo, se espera que la industria de reventa sea dos veces mayor (en términos económicos) que la de moda rápida para 2030.69 Pequeñas empresas con innovaciones circulares estan emergiendo rápidamente, buscando oportunidades para llevar sus soluciones a gran escala.

En el sector público, la economia circular se integra cada vez más en las estrategias de crecimiento y los esfuerzos para hacer frente a problemas globales como el Pacto Verde de la UE, el Programa de Estimulo Verde Africano y las Contribuciones Determinadas a Nivel Nacional de los países en virtud de la Convención Marco de las Naciones Unidas sobre el Cambio Climatico. Se estan creando numerosas alianzas y coaliciones de economia circular en todo el mundo, y la UE lanzó en 2021 la Alianza Global sobre Economia Circular y Eficiencia de Recursos (GACERE), y se estan estableciendo alianzas regionales en America Latina, el Caribe y Africa.

En las finanzas, la economia circular se ve cada vez más como una parte esencial de la solucion para cumplir los objetivos climáticos, de biodiversidad y Ambientales, Sociales y de Gobernanza (ESG), y gestionar los riesgos. Solo en 2020, el número de fondos de capital público dedicados a la economia circular se multiplicó por 14,70 alcanzando un total de 13 en 2021, incluidos los fondos de proveedores líderes como BlackRock, BNP Parabas, Credit Suisse y Goldman Sachs. Los activos combinados administrados en estos fondos han aumentado a más de USD 8 billones (un aumento de 26 veces desde diciembre de 2019), lo que demuestra el potencial de los productos financieros relacionados con la economía circular para atraer entradas de capital.

Varias megas tendencias están acelerando este cambio del modelo lineal actual a la economia circular. Las preferencias de los consumidores estan creando fuertes factores de atracción, particularmente entre los grupos junio de 2021. Análisis de la Fundación Ellen MacArthur. Universidad Bocconi, Fundacion Ellen MacArthur e Intesa Sanpaolo, The circular economy as a de-risking strategy and driver of superior risk-adjusted returns (2021) de edad Millennial y Generacion Z, quienes estan cada vez más impulsados en sus patrones de consumo por su creciente conciencia en relación a los problemas ambientales y sociales. El crecimiento de la urbanizacion está acercando a las personas y los recursos, permitiendo así una circulación más eficaz de bienes y materiales.

La digitalizacion, la automatización, la inteligencia artificial y otras innovaciones abren nuevas oportunidades de economia circular, como las plataformas de reventa y uso compartido habilitadas digitalmente, y la produccion descentralizada mediante la impresión 3D. A medida que estas tendencias crecen, el atractivo y la relevancia de una transición hacia la economía circular solo aumentan. En ese orden, los formuladores de políticas desempeñan un papel crucial a la hora de hacer posible el impulsar la transformación a nivel nacional e internacional, pudiendo aprovechar la oportunidad de vincular las discusiones internacionales sobre la implementación de un Marco Mundial de la Biodiversidad que busca transformar los modelos lineales de consumo y producción.

Cap.II.- La economía circular y su marco de soluciones para cumplir con los nuevos objetivos mundiales de biodiversidad.

Para Mac Arthur (2021), si la formulación de politicas ambientales y economicas estuviese mejor integrada, se convertiría en un poderoso facilitador para cumplir varios ODS. En el contexto del Convenio sobre la Diversidad Biologica (CDB) (2023), es importante que los gobiernos y las empresas acuerden la mejor forma de valorar la naturaleza en los sistemas de contabilidad financiera y económica, reconociendo el costo de la inacción en la toma de decisiones politicas y corporativas. Ahora bien, un contexto político propicio a nivel internacional es fundamental para permitir un cambio transformador.

Para aprovechar el potencial de transformacion industrial de la economia circular, se requiere un nuevo enfoque politico. Es vital que los gobiernos vayan más alla de considerar el valor intrinseco de la naturaleza y superen la percepción generalizada que la protección de la naturaleza entra en conflicto con el desarrollo económico. El primer borrador del Marco Mundial de la Biodiversidad Post-2020 de julio de 2021 reconoce la necesidad de transformar nuestros modelos lineales de consumo y producción. Asi como la naturaleza, la economia circular no genera residuos, los productos, materiales y nutrientes se mantienen en uso y circulan en la economia o se devuelven al medio ambiente para apoyar la salud del ecosistema, creando valor al mismo tiempo que se construye la biodiversidad.

Para comprenderlo se necesita analisis sólidos a nivel cientifico sobre la medida en que la economia circular puede abordar los principales impulsores de la biodiversidad; para determinar el marco que impulse el cambio sistémico. Los gobiernos tienen un papel que desempeñar en la revision de las estructuras de costos e incentivos para garantizar que los resultados positivos de la diversidad biologica se integren de manera consistente en las politicas sectoriales y las estrategias de desarrollo. Este enfoque facilitaría un compromiso de todo e los gobiernos al implementar estrategias y politicas relacionadas con la diversidad biológica.

Creando así, condiciones facilitadoras para la economía circular a nivel nacional. Existen oportunidades para la economia circular en todos los sectores, incluidos el de alimentos, medio ambiente construido, la moda y los empaques y envases de plástico, para construir una recuperación económica resiliente, cero neta y positiva para la naturaleza. Integrando los objetivos de biodiversidad en los programas de recuperación de los gobiernos nacionales e instituciones financieras internacionales, el caso empresarial para la transición hacia una economia circular puede fortalecerse aún más.

Por ejemplo, la UE acordó introducir un nuevo enfoque de integración de la biodiversidad para el Marco Financiero Plurianual 2021-27, con la ambición de proporcionar el 7,5% del gasto anual para los objetivos de biodiversidad en el año 2024 y el 10% en 2026 y 2027. En ese orden, abordar la pérdida de biodiversidad a escala mundial es necesario formas de colaboración para cambiar el predominante sistema económico lineal. En el mismo orden, un análisis reciente del Banco Central Europeo (BCE), el Banco Mundial y la OCDE muestra que se espera que los paises con mayores medidas de protección ambiental experimenten un PIB y un crecimiento sectorial más alto que los paises que no dan prioridad para colocar la economia circular como un elemento clave de las estrategias nacionales de Biodiversidad.

Por otra parte, los ministerios de los gobiernos pueden apropiarse de esto como una agenda política compartida, lo que permite la innovación y ayuda a las empresas a implementar las soluciones a gran escala. Por otro lado, la compleja tarea de detener y revertir la pérdida de biodiversidad requerira la colaboración de todos los gobiernos, asi como, de los inversores, la industria, el mundo académico y la sociedad civil. Con el fin de aprovechar los Objetivos Políticos para la Economía Circular Universal con un enfoque sistémico, de los cinco objetivos universales de políticas para la economía circular, desarrollados por la Fundación Ellen MacArthur (2021), ayuden a establecer las condiciones adecuadas para un cambio transformador.

En ese orden, al abordar las causas fundamentales del sistema lineal actual estos objetivos abren oportunidades para que los gobiernos nacionales y los encargados de formular politicas, las ciudades y las empresas alineen sus ambiciones y creen una direccion común, para coordinar los esfuerzos politicos pertinentes. Aunque el punto de partida para cada país y cada sector será diferente, será necesario considerar las compensaciones, los responsables politicos y los stakeholders para que puedan utilizar los cinco objetivos de biodiversidad con el fin de vincularlos con el desarrollo y la implementación de medidas de economia circular.

Cap.III.- Pérdida de Biodiversidad: Impactos y factores impulsores

Las tasas de extinción de especies se están acelerando cientos de miles de veces más rápido que las tasas "normales" medidas durante las últimas decenas de millones de años. Earth.org, *Sixth mass extinction of wildlife accelerating study* (2020) Los ecosistemas saludables y la rica biodiversidad son fundamentales para la vida en nuestro planeta. Más allá del valor intrinseco de la naturaleza, la biodiversidad juega un papel esencial al proporcionar una multitud de servicios Ecosistémicos que hacen posible la vida humana, tales como alimentos,materiales, agua limpia, regulación del clima, enriquecimiento cultural y espiritual, y muchos otros.

Los ecosistemas saludables también ofrecen una importante fuente de empleo e innovación, y se ha estimado que el valor económico total de los servicios de los ecosistemas para la sociedad es más de 1,5 veces el tamaño del PIB mundial. Sin embargo, la biodiversidad se ha reducido a un ritmo sin precedentes. Perdiendo aproximadamente el 83% de todos los mamíferos silvestres y la mitad de las plantas, la tierra está experimentando su sexta extinción masiva de especies. La IPBES ha descubierto que esta crisis se debe en gran parte a cinco presiones clave impulsadas por la actividad humana: cambios en el uso de la tierra y el mar, sobreexplotación de especies y recursos naturales, cambio climático, contaminación e invasión de especies exóticas.

La pérdida de biodiversidad se ha convertido ahora en uno de los mayores riesgos para la humanidad en el siglo XXI. Los ecosistemas en aproximadamente una quinta parte de los paises estan actualmente en riesgo de colapso debido a la disminución de la biodiversidad y sus servicios relacionados, y más de la mitad del PIB mundial está potencialmente amenazada por la pérdida de la naturaleza. La pérdida de polinizadores (de los que depende en cierta medida el 75 % de los cultivos alimentarios) amenaza la producción mundial de alimentos. La salud humana también está en riesgo, ya que más de la mitad de la población mundial depende principalmente de medicamentos naturales y alrededor del 70 % de los medicamentos utilizados para tratar el cáncer se derivan de Productos naturales o inspirados en la naturaleza.(Mac Arthur,2021)

Cap.IV.- Los cinco objetivos de la biodiversidad según el contexto local.

1) **Hacer que la economía funcione**: Los gobiernos pueden, por ejemplo, eliminar o reutilizar los Incentivos financieros que son dañinos para la biodiversidad, incluidos los subsidios, reconocidos como una prioridad en el CDB. Esto podría complementarse con el desarrollo de incentivos de mercado positivos, como pagos por servicios de los ecosistemas (PSA) (2021), a través de la contratación pública, o con exenciones fiscales para soluciones de economia circular que tengan claros beneficios para la biodiversidad. Por último, existe un creciente consenso en torno al establecimiento de nuevos estandares y Metodos de contabilidad económica que integran capital natural, social y humano.

2) **Estimular el diseño para la economía circular**: una política centrada en el diseño circular tiene como objetivo eliminar los residuos y la contaminación en las fases de producción y uso, y garantizar que los bienes y co productos puedan permanecer de manera segura en el sistema Para lograrlo, es fundamental que se hayan tomado las decisiones correctas en materia de insumos de materiales y nutrientes, diseño y modelos comerciales desde el principio. Las prácticas de diseño circular también pueden informar si los bienes y coproductos pueden volver a los sistemas naturales, en función de su capacidad para apoyar la regeneración de los sistemas naturales. Las politicas relacionadas con productos, edificios, productos quimicos, agricultura, uso de la tierra y alimentos tienen un papel que desempenar para garantizar que lo que se comercializa se diseña teniendo en cuenta la economía circular.

3) **Gestionar los recursos para preservar el valor**: Los formuladores de politicas pueden apoyar el desarrollo de sistemas de gestión de recursos que estimulen los enfoques de producción regenerativa en la agricultura y la silvicultura; diversificar

ingredientes y materias primas; valorizar los productos de residuo; incentivar la circulación de material; eliminar el uso ineficiente; y minimizar la generación de residuos. En el sector de alimentos, esto incluye politicas sobre la redistribución del excedente de alimentos, el reciclaje de coproductos comestibles y el cierre de circuitos de nutrientes. En términos más generales, la promocion de una economia circular también incluiría la reutilización, el intercambio, la reparación y la remanufactura de productos, asi como el desarrollo de mercados para coproductos y materias primas secundarias.

4) **Invertir en innovación, infraestructura y habilidades**: Los gobiernos también pueden invertir y movilizar Inversiones privadas en una amplia gama de áreas que pueden permitir que la economia circular se amplie y, a su vez, apoye la biodiversidad. Como parte de esto, los responsables politicos pueden desarrollar taxonomias financieras sostenibles, como lo ha hecho la EU, permitir que las instituciones financieras públicas y privadas y las empresas identifiquen y apoyen actividades económicas, incluidas soluciones basadas en la naturaleza, que contribuyan sustancialmente a la protección y restauración de la biodiversidad. y ecosistemas. Una mejor comprensión de lo que se necesita para integrar la biodiversidad en la toma de decisiones y estrategias financieras Existen caminos convincentes para lograr que las empresas y los formuladores de Políticas aceleren el cambio también es clave, al igual que la adopción de requisitos de divulgación para las empresas y las instituciones financieras sobre los impactos, los riesgos y las oportunidades de la biodiversidad a nivel nacional e internacional.

5) **Colaborar para el cambio de sistemas:** Es importante reconocer que las politicas relevantes para asegurar que los resultados positivos para la naturaleza estén interconectados. Un enfoque de economia circular debe fomentar la colaboración público privada receptiva en todas las cadenas de valor para eliminar barreras, desarrollar nuevas politicas y alinear las existentes. Esto ayudará a evitar la creación de un mosaico de soluciones fragmentadas y permitirá medir los

impactos de incorporar politicas de economia circular en estrategias efectivas de biodiversidad a nivel nacional e internacional (MacArthur, 2021)

Cap.V.- Producción regenerativa como enfoque de gestión para los agros ecosistemas

Para MacArthur (2021), la producción regenerativa es un enfoque para la gestión de los agros ecosistemas que proporcionan alimentos y materiales, ya sea a través de la agricultura, la acuicultura o la silvicultura, de forma que se generan resultados positivos para la naturaleza. Estos resultados incluyen, entre otros, suelos saludables y estables, mejor biodiversidad local, mejor calidad del aire y del agua y niveles más altos de secuestro de Carbono. Se puede lograr a través de una variedad de prácticas que dependen del contexto y, en conjunto, pueden ayudar a regenerar ecosistemas degradados y desarrollar resiliencia en las granjas y en los paisajes circundantes.

Los agricultores pueden recurrir a varias escuelas de pensamiento diferentes, como la agricultura regenerativa, la acuicultura restaurativa, la agroecologia, la agroforesteria y la agricultura de conservación, para obtener ayuda para aplicar el conjunto de prácticas más apropiado que proporcionen resultados regenerativos en los agro ecosistemas.

Agricultura Oceánica Regenerativa

Reconstruir activamente la biodiversidad y permitir que prospere Green ave (Estados Unidos) Green ave ha desarrollado un modelo para el cultivo regenerativo de productos del mar llamado cultivo oceánico 3D, que permite que se lleve a cabo el cultivo al mismo tiempo que permite que prospere la biodiversidad. La técnica consiste en suspender una estructura simple de cuerdas y boyas entre la superficie del mar y el fondo marino, en la que se cultivan vieiras, almejas, ostras, mejillones y algas a diferentes profundidades. Esta estructura actúa como arrecife, atrayendo biodiversidad y regenerando ecosistemas costeros degradados.

La práctica no requiere ningún aporte externo que pueda causar contaminación. Un acre de una granja oceánica 3D puede producir hasta 25 toneladas (~22,7 toneladas) de algas nutritivas y 250 000 mariscos cada cinco meses. Estas cosechas se pueden utilizar como ingredientes en productos alimenticios novedosos, como la gama de productos de algas elaborados por Sea more - procesados para crear fertilizantes o alimentos para animales para el sector agrícola, o transformados en materiales para otras industrias. Los estudios sobre la acuicultura de algas marinas en general han demostrado que cultivar el 0,03 % de la superficie del oceano de esta manera podría ofrecer una oportunidad económica de USD 500 000 millones y crear 50 millones de puestos de trabajo, ayudando a revitalizar las comunidades locales que durante mucho tiempo han dependido del mar para su sustento.

Beneficios para la biodiversidad

Las granjas oceanicas regenerativas de GreenWave pueden convertir zonas aridas del oceano en arrecifes prósperos, atrayendo biodiversidad y reconstruyendo ecosistemas costeros degradados. Las granjas pueden proporcionar protección contra marejadas ciclónicas para las comunidades costeras y no requieren insumos, como agua dulce, fertilizantes, tierra o alimento. Los estudios también han demostrado que, en general, el cultivo de algas marinas puede mejorar la calidad del agua y absorber la escorrentía de nutrientes, con una producción estimada de 500 millones de toneladas (~ 453,6 millones de toneladas) de algas marinas capaces de asimilar 10 millones de toneladas (~ 9,1 millones de toneladas).

Millones de toneladas de nitrógeno del agua de mar, lo que equivale a alrededor del 30 % del nitrógeno que se estima que ingresa al oceano. Al mismo tiempo, estas acciones ofrecen un potencial sustancial de secuestro de carbono: el cultivo de algas marinas en menos del 5 % de las aguas de EE. UU. Podría absorber 135 millones de toneladas de carbono (~450 millones de toneladas de CO_2).

Agricultura orgánica regenerativa

Reconstruir activamente la biodiversidad y permitir que prospere Rizoma Agro (2020), (Brasil). Rizoma Agro es un productor, investigador y desarrollador de tecnologia brasileña para la agricultura orgánica regenerativa. En sus 1100 hectáreas, se basa en escuelas de pensamiento como la agroforesteria y el silvopastoreo intensivo, y utiliza prácticas como la rotación de cultivos y el manejo integrado de cultivos y ganado para producir una amplia gama de productos que incluyen maíz, soja, avena, frijoles, citricos y ganado. En 2019, se convirtió en el mayor productor de cereales y legumbres organicos regenerativos en Brasil y ahora abastece a las principales empresas de Alimentos, incluidas Nestle y Unilever. Para el 2030, su objetivo es producir cultivos orgánicos de forma regenerativa en 350 000 hectáreas localizadas en Brasil.

Beneficios para la biodiversidad

Los enfoques de producción regenerativa de Rizoma Agro han permitido a sus granjas duplicar aproximadamente su capacidad de retención de agua y secuestrar hasta 41 toneladas de carbono por hectárea cada año (después de cambiar a la producción regenerativa, sólo durante el primer año, los niveles de materia orgánica del suelo en dos fincas aumentaron de 2.7% a 3.3% y de 1.3% a 2.5% respectivamente).50 Tomados en conjunto, estos resultados ayudan a reducir las presiones sobre la biodiversidad generalmente asociadas con la producción de alimentos

Cap.VI. Promoviendo la optimización de recursos a través de la economía circular

Tal como lo señala la Fundación Ellen MacArthur (2021), "la noción de circularidad tiene importantes orígenes históricos y filosóficos". Esta idea de retroalimentación y de ciclos en sistemas en el mundo real es antigua y resurgió en países industrializados después de la Segunda Guerra Mundial, La economía circular junta todo esas ideas como estrategias o métodos para construir un sistema económico que contemple el flujo de materiales pero también el del capital financiero": Producción, Distribución, Consumo y Descarte, cuya propia inviabilidad está impulsando un interés creciente en alternativas más sustentables.

Hasta ahora se ha venido aplicando modelos de producción lineal: se extrae, se produce, se consume y se desecha. En ese orden, la sociedad en la que vivimos hace que el ritmo de consumo se esté acelerando, se trata de un modelo rápido pero poco sostenible para el planeta. Por otro lado, la economía circular establece un modelo de producción y consumo responsable más sostenible, en el que las materias primas se mantienen más tiempo en los ciclos productivos y pueden aprovecharse de forma recurrente, procurando con ello generar muchos menos residuos. Como su propio nombre indica, la esencia de este modelo radica en que los recursos se mantengan en la economía el mayor tiempo posible, promoviendo que los residuos que generamos puedan servir de materia prima para otras industrias. Entre los beneficios que tiene la economia circular se puede señalar

- **Protege al medioambiente**: Reduce las emisiones, minimiza el consumo de recursos naturales y disminuye la generación de residuos.
- **Beneficia la economía local**: Puede beneficiar la economía local al fomentar modelos de producción basados en la reutilización de residuos cercanos como materia prima
- **Fomenta el empleo**: Estimula el desarrollo de un nuevo modelo industrial más innovador y competitivo, así como mayor crecimiento económico y más empleo
- **Favorece la independencia de recursos**: La reutilización de los recursos locales puede favorecer una menor dependencia de la importación de materias primas.

En ese contexto, la empresa Repsol tecnology (2021), a través de la economia circular ha generado una estrategia que traspasa fronteras, dado que aplican la economía circular en todos los negocios y países donde operan, junto con sus proveedores y clientes, desde la obtención de materias primas hasta la comercialización de los productos y servicios. Los objetivos de la empresa al 2030, son los siguientes:

- 2.2 millones de toneladas de capacidad   de producción de combustibles renovables en la Península Ibérica con un hilo intermedio de 1.5 millones de toneladas a 2027
- 2030 será el año donde se alcanzará una producción de más de 150000 toneladas de productos circulares bio con un hito intermedio de 65.000 tn en el 2027

Esa estrategia de economía circular fue aprobada en 2016 y está integrada en el Plan Estratégico de la Compañía, reforzando la estrategia de sostenibilidad y el compromiso de alcanzar cero emisiones netas en 2050. Para su despliegue se utilizó el modelo de economía circular diseñado por ellos el cual se fundamenta en:

- cuatro ejes: ecodiseño, eficiencia e innovación de procesos, materias primas alternativas y nuevos patrones de consumo.
- y tres palancas: Repsol, Technology Lab, alianzas y digitalización

En ese orden, la economía circular es definida como un sistema que busca aprovechar los recursos para reducir, reciclar y reutilizar todo aquello que se desecha y darle una segunda vida. Un gran número de empresas están desarrollando sus negocios en torno a un modelo productivo que ha llegado para quedarse. Hay emprendedores que detectan oportunidades donde otros solo ven desechos, ellos son el motor de la economía circular, la cual permite aprovechar los recursos para darles otra vida y devolverlos al mercado con una forma nueva. Este innovador modelo, aboga por los materiales biodegradables y que la fabricación de los productos sea lo menos invasiva posible, con el fin que no contaminen.

El objetivo final es que, cuando haya que desecharlos porque no se puedan reutilizar, se reciclen de una manera respetuosa con el medioambiente, luchando contra el calentamiento global y el cambio climático, reduciendo la dependencia de las materias primas a favor de los productos reutilizados y producir la menor cantidad posible de desechos. Para conseguirlo hay que aplicar nuevas estrategias empresariales, pensar el modelo de negocio, establecer políticas de ahorro de energía, reciclar y evitar la contaminación, entre otras medidas.

Ejemplos de economía circular

BBVA (2022), ha apoyado a un gran número de empresas que basan sus modelos de negocio en los principios de la economía circular. Los sectores en los que trabajan son variados: textil, gestión de residuos urbanos, vivienda. Estos son algunos de ellos:

- **Aquaproject**

Afincada en Medellín (Colombia), esta empresa se dedica al tratamiento de aguas industriales, "de tal manera que se reutilicen o que al menos retornen al medio ambiente de manera adecuada", los responsables de Aquaproject (2013), Santiago Vélez y Álvaro Orozco señalan que la economía circular permite que el ciclo natural de este líquido, tan preciado y tan escaso en muchas ocasiones, sea eficiente y sostenible, sin derroches ni pérdidas innecesarias. En Aquaproject siguen estos principios con un proceso que abarca todos los aspectos del tratamiento del agua: evaluando su calidad, desarrollando la tecnología para su tratamiento, diseñando el tratamiento que necesita y desarrollando proyectos para sus clientes: "Nuestro principal activo es el conocimiento".

- **Abasto Verde**, sostenibilidad,

BBVA reducirá un 32% el consumo de energía de sus equipos informáticos con el modelo Device as a Service (DaaS) de HP. La entidad bancaria contará con ordenadores HP en sus oficinas centrales a través del modelo de dispositivo como servicio. Este modelo le proporcionará una mayor productividad y escalabilidad del negocio, así como beneficios en sostenibilidad, logrando una reducción estimada de un 32% en el consumo de energía. Hay empresas que quieren ser más ecológicas y sostenibles, pero necesitan apoyo a la hora de sustituir los materiales con los que trabajan por otros más cuidadosos con el medio ambiente.

La economía circular, que busca reducir la presencia de materias contaminantes en el planeta, tiene en la compañía mexicana Abasto Verde una aliada que ofrece opciones ecológicas y asesoría a aquellos negocios que quieran sustituir el plástico o el poliestireno expandido por productos biodegradables. Su gran reto es el crecimiento en un sector que todavía es un gran desconocido: "Sigue siendo un mercado completamente imperfecto. No hay suficiente oferta y, aunque la demanda crece a razón del 25% anual, la posibilidad de respuesta es corta porque dependemos completamente del mercado chino", explica Amelia Guadarrama, gerente de Abasto Verde.

El catálogo de esta empresa es variado y ofrece todo tipo de productos 100% reciclables, sin embargo, el plástico sigue siendo popular ya que el mercado de biodegradables es todavía muy pequeño: "Por lo tanto, cualquier apoyo en esta tarea de sustitución de plásticos, es vital y muy relevante". A pesar de la importancia del trabajo de Abasto Verde, para Guadarrama esto no es suficiente: "La accesibilidad, disponibilidad y precio del producto biodegradable es apremiante".

- **Gesecol (2013)**

Esta compañía colombiana nació en Bogotá en 2013 con un objetivo muy claro: gestionar residuos no convencionales (es decir, los que proceden de aparatos eléctricos, baterías usadas, etc., para reincorporarlos a la cadena productiva, mediante una tecnología innovadora y respetuosa con las normativas que rigen esta actividad. En su corta vida, Gesecol ya ha conseguido logros importantes en su misión de cuidar el medio ambiente: "La empresa está evitando que alrededor de cuatro toneladas de cable sean quemados en Bogotá al mes", explica Jackeline Redondo, gerente de Gesecol. El trabajo de esta compañía tiene efectos positivos para las personas al evitar esta práctica que va en contra de la salud y que está prohibida por ley:

"Hemos evitado consecuencias cancerígenas y mutagénicas, tanto para la persona que quema el cable como para la comunidad circundante". Su labor se completa con trabajos de asesoría medioambiental a otras empresas para ayudarlas a funcionar de una manera más respetuosa con el planeta. Estas compañías están perfeccionando sus planes de crecimiento para aumentar el impacto positivo que están consiguiendo en el medio ambiente. Su trabajo es significativo, pero es tan solo una pequeña muestra de lo que la economía circular puede conseguir: convertirse en el motor de un nuevo modelo medioambiental, económico y social que mejore el mundo.

En nuestra economía actual, extraemos materiales de la Tierra, fabricamos productos a partir de ellos y, finalmente, los desechamos como residuos: el proceso es lineal. En una economía circular, por el contrario, dejamos de producir residuos desde el primer momento. La economía circular se basa en tres principios, todos impulsados por el diseño:

- Eliminar los residuos y la contaminación
- Circular los productos y materiales (en su valor más alto)
- Regenerar la naturaleza

Se respalda en una transición hacia energías y materiales renovables. Una economía circular desvincula la actividad económica del consumo de recursos finitos. Es un sistema resiliente, bueno para las empresas, las personas y el medio ambiente. La economía circular es un marco de soluciones sistémicas que hace frente a desafíos globales como el cambio climático, la pérdida de biodiversidad, los residuos y la contaminación. Se debe transformar cada elemento del sistema basado en extraer-producir-desperdiciar: cómo se administran los recursos, cómo se fabrican y se usan los productos, y qué se hace después con los materiales. Solo entonces se podrá crear una economía circular próspera que pueda beneficiar a todos dentro de los límites de nuestro planeta.

- **forma de transformar el sistema economico lineal**

¿Qué se necesita para transformar nuestra economía descartable en una en la que se eliminen los residuos, los recursos circulen y la naturaleza se regenere? La economía circular ofrece a) herramientas para hacer frente al cambio climático y la pérdida de biodiversidad, al mismo tiempo aborda importantes necesidades sociales .b) Nos da el poder de aumentar la prosperidad, el empleo y la resiliencia mientras c) reducimos las emisiones de gases de efecto invernadero, los residuos y la contaminación. Es hora de crear una economía circular, a través del diseño, se puede eliminar los residuos y la contaminación, circulando   los productos y materiales regenerando la naturaleza y creando una economía que beneficie a las personas, las empresas y la naturaleza.

Figura 1 acciones en la economia circular

Cap.VII. Ventajas ambientales de la economia circular

Según Espaliat Canu (2017), los beneficios y ventajas de la economía circular son susceptibles de manifestarse en cualquier área productiva o sector de actividad que la adopte como premisa de trabajo. Pero todos estos beneficios, de alguna manera, son extensivos, de manera directa o indirecta, al medio ambiente. Esta realidad es lógica, considerándose que con la economia circular se pretende lograr como objetivo final la optimización del uso de la energía y de los recursos naturales para asegurar la sostenibilidad, creando a su vez beneficios económicos directos para empresas y ciudadanos, a través de una senda de desarrollo que permita reducir una serie de externalidades ambientales negativas, tales como las emisiones de gases de efecto invernadero, la contaminación y la congestión, que permitan favorecer buenas condiciones de higiene y salud.

Las herramientas de la economía circular, tales como el reciclaje de residuos y subproductos, la reutilización, la optimización de los recursos hídricos y el desarrollo de fuentes de energía renovables, favorecen en gran medida, entre otras ventajas, la reducción de las emisiones de gases de efecto invernadero, causantes del cambio climático y sus efectos colaterales, como los desastres naturales cuyos episodios son intensos y frecuentes cada vez, como lo son las sequías, inundaciones e incendios forestales. En ese orden, el frenar los efectos del cambio climático esto impacta de manera positiva en la preservación de la integridad y belleza de los parajes naturales y lugares de esparcimiento, en la protección de la biodiversidad, y en la estabilización de los ciclos ecológicos, todo lo cual induce relaciones estables y equilibradas entre el hombre y su entorno.

Además, los efectos positivos de promover un medio ambiente sano, confortable y acogedor, permite garantizar el éxito y la prosperidad de países y regiones para los cuales el turismo constituye una fuente relevante de ingresos económicos, y de progreso. En ese orden, los efectos positivos sobre el medio ambiente que pueden aportar las estrategias inteligentes en el ámbito del urbanismo y del sector de la edificación, donde el actual esquema de vida de los ciudadanos de los países industrializados, que se concentran en entornos urbanos, crea la necesidad de planificar y gestionar las ciudades y los edificios desarrollando actividades diversas que implican la adopción responsable de procedimientos de economía circular y de optimización del uso de recursos.

Asimismo señalan que algunas estimaciones indican que en el año 2050 los edificios serán causantes de gran parte de las emisiones de gases responsables del cambio climático. En resumen, un medio urbano sano y equilibrado es una componente crucial del medio ambiente que interactúa de modo indisoluble con el resto de elementos del ecosistema global. En vista de ello, las empresas, y el mundo de la economía en general, requiere alcanzar y consolidar beneficios ambientales a través de la adopción de la economía circular, siendo necesario, la acción coordinada y solidaria de todos los actores comprometidos y responsables de llevar a buen fin las estrategias diseñadas a tales efectos.

Por ello, es preciso ejercer en todos los casos, un liderazgo fuerte, autoritario y sostenido, que permita orientar las actuaciones pertinentes desde su fase de diseño e inicio, superando las etapas de transición, hasta alcanzar el final del ciclo. Se debe contar para ello con el establecimiento de planes bien definidos, elaborando los protocolos y estrategias que marquen la dirección a seguir, asegurando los medios y recursos necesarios para dar viabilidad a las iniciativas. Apuntando a la producción "cero residuos" y a la disminución de la "huella hídrica" y de la "huella de carbono" en todas las actividades industriales, agrícolas o de servicios, siendo este el marco de orientación que trace el camino hacia el objetivo de consolidación de la economía circular.

Es necesario insistir quo deben actuar de modo transversal todos los actores implicados, desde el simple ciudadano, la industria y los responsables empresariales y gubernamentales, hasta los estamentos internacionales para que actúen como catalizadores y puedan crear las condiciones necesarias para el proceso de implantación y desarrollo de la circularidad. En ese orden, entidades, como centros tecnológicos, universidades y organizaciones sin ánimo de lucro y no gubernamentales (ONG), también deben desempeñar un papel destacado, incluyendo funciones de apoyo y participación en iniciativas de colaboración tanto a nivel local como en el ámbito internacional. A continuación se señalan las ventajas ambientales de la economía circular:

- **Prevención de riesgos y gestión equilibrada de los recursos naturales**

La Prevención constituye una herramienta consolidada que ha demostrado su validez en el entorno más inmediato de las personas, como es el ámbito de la seguridad y de la salud laboral. Sin embargo, al plantear en sentido global la sostenibilidad y la gestión de recursos sobre la base de la economía circular, sus principios deben ser aplicados amplia y transversalmente a todos los aspectos que permitan garantizar la estabilidad del planeta y la calidad de vida de sus habitantes, incluyendo en el proceso el compromiso de participación proactiva y responsable de todos los agentes implicados en ello.

El tiempo ha confirmado la validez de las previsiones y de los postulados generados durante las Conferencias de las Naciones Unidas sobre el Medio Ambiente. Durante la primera, reunión en Estocolmo, realizada en 1972, cuya Declaración destacó las características y los límites del modelo de economía lineal vigente. Han pasado más de cuarenta años, con tímidas incursiones por parte de algunas organizaciones e instituciones públicas y privadas, y aún no han sido adoptadas las medidas establecidas de manera eficaz. Por otro lado, existe la necesidad de tomar medidas para evitar las catástrofes y desastres naturales que acosan con mayor frecuencia e intensidad a países del mundo entero, debido a no tomar a tiempo las medidas para evitarlas, o al menos, para reducir sus efectos negativos.

En la actualidad, se cuenta con medios, métodos y sistemas que la tecnologia a puesto a disposición para ser empleadas con éxito en la prevención de este tipo de calamidades, entre los cuales, se encuentra la meteorología, las herramientas de geolocalización vía satélite, las técnicas avanzadas de gestión Agropecuaria, forestal y de recursos hídricos, y las opciones de formación, divulgación y sensibilización pública por vía de Internet y las redes sociales. Todo ello, sin descartar la valiosa contribución en materia de control y vigilancia ambiental, presta de modo solidario y organizado la policía y las fuerzas armadas.

Aplicada con proyección transversal, la prevención en materias ambientales constituye para los países industrializados no solo un reto de obligado cumplimiento, sino también una valiosa alternativa para frenar el deterioro de los recursos de la tierra, y asegurar por esta vía su sostenibilidad. La cual, representa una herramienta reactiva de gran valor para corregir los efectos negativos de los modelos de desarrollo y de progreso por la irresponsabilidad, e imprudencia y el despilfarro, en los países emergentes. En todo caso, la adopción de los principios circulares constituye una sólida base para poner en práctica los fundamentos de la prevención de acuerdo con enfoques globales y transversales, un requisito ineludible para lograr la sostenibilidad integral.

Este enfoque debe ser aplicado tanto a la gestión de los recursos, como a los residuos, área en la cual se ha de hablar de prevención en términos cuantitativos, como en sentido cualitativo, puesto que la prevención cualitativa consiste en reducir la peligrosidad de los residuos para evitar efectos nocivos en los seres vivos y el medio ambiente. Porque reduciendo o restringiendo el uso de sustancias peligrosas es un requisito previo para la implantación de la economía circular, ya que favorece de modo prioritario el empleo de insumos "puros" y la recirculación de materiales valiosos, simplificando los procedimientos para establecer la simbiosis industrial, y permitiendo reducir los costos de la recogida selectiva y de los procesos de reciclaje de residuos.

- **Reducción de emisiones de Dióxido de Carbono**

En Europa, a través de estudios llevados a cabo por diversos organismos, entre los cuales destaca la Fundación Ellen MacArthur (2021), ha sido posible llegar a la conclusión que una senda de desarrollo económico circular podría reducir a la mitad las emisiones de dióxido de carbono de aquí al año 2030, si se parte de la comparación con los niveles de emisión actuales. Ello significaría la reducción del 48% de las emisiones de dióxido de carbono relacionadas con la movilidad, los sistemas de alimentación y el entorno construido, cifra que podría elevarse hasta valores superiores al 80% en el año 2050.

Además, los análisis efectuados en sectores específicos señalan que el Reino Unido, por ejemplo, podría reducir las emisiones de gases de efecto invernadero en

7,4 millones de toneladas al año, tan solo evitando que los residuos orgánicos sean depositados en vertederos.

- **Reducción del consumo de materias primas**

Estudios específicos estiman que, orientando la producción por la senda del desarrollo económico circular, es posible reducir el consumo de materias primas en un 32% de aquí al año 2030, y en un 53% de aquí al año 2050, con respecto a la actualidad. Estas cifras han sido estimadas en función de la optimización en el uso de materiales y demás recursos empleados en sectores industriales diversos y en la construcción, aplicación de políticas circulares en el ámbito del empleo de fertilizantes sintéticos, pesticidas y uso del agua en la agricultura, y en la reducción del consumo de combustibles fósiles y electricidad no renovable.

- **Mejora de la productividad y de la calidad del suelo**

El deterioro del suelo supone en todo el mundo un coste estimado anual de 40.000 millones de dólares, sin tener en cuenta los costes ocultos derivados del aumento del uso de fertilizantes, de la pérdida de biodiversidad y de la degradación de entornos paisajísticos singulares. Aplicando los principios de la economía circular es posible incrementar la productividad del suelo, reducir los residuos en la cadena de valor de la alimentación, y recuperar el valor de la tierra y del suelo como activos, al devolverles los nutrientes mediante la acción espontánea de los mecanismos naturales y resilientes de los ciclos ecológicos.

Al movilizar el material biológico a través de procesos de compostaje o de digestión anaeróbica para luego devolverlo al suelo, la economía circular permite reducir la necesidad de reposición mediante el empleo de nutrientes adicionales. El uso sistemático de los residuos orgánicos como fertilizantes puede ayudar a regenerar el suelo y a sustituir los abonos químicos en grandes cantidades. Si se actúa de acuerdo con un enfoque económico circular y de "regeneración dinámica" en los sistemas de alimentación, el consumo de fertilizantes sintéticos en Europa puede llegar a reducirse hasta en un 80% de aquí al año 2050.

- **Reducción de externalidades negativas**

Es fácil deducir, que la economía circular propicia la gestión eficaz de las externalidades negativas, tales como el mal uso del suelo, la contaminación acústica, del aire y del agua, el vertido de sustancias tóxicas, y el cambio climático. Un claro ejemplo de externalidad negativa lo constituye la pérdida de tiempo ocasionada por la congestión del tráfico de vehículos en ciudades y carreteras. La adopción de modelos circulares en el ámbito de la movilidad y del transporte puede beneficiar a los ciudadanos al inducir, mediante estrategias adecuadas, nuevos modelos de comportamiento en este terreno, así como en el del diseño urbanístico.

Se estima que por esta vía es posible reducir el coste del tiempo perdido como consecuencia de las congestiones en un 16% en el año 2030, y en casi un 60% en el año 2050. En ese contexto, la economía circular es, conceptualmente, "restauradora" y "regenerativa", propiciando que materias primas, productos y servicios mantengan su valor y su utilidad de modo permanente, aspecto que se dobc tener en cuenla desde la fase de diseño de dichos productos y servicios, hasta el final de su ciclo de vida útil. El objetivo es procurar que tanto las materias primas como los productos y los recursos se mantengan dentro del ciclo productivo el mayor tiempo posible, suprimiendo el acostumbrado indicador de desarrollo económico basado exclusivamente en la magnitud del consumo de productos acabados.

La economía circular aboga por esquemas de pre y post producción que mantengan a los productos, subproductos y residuos valorizables en servicio durante un largo período, procurando su reutilización una y otra vez. La verdadera economía circular es aquella que es restaurativa y regenerativa, ya que trata que productos, componentes y materias mantengan su utilidad y su valor máximo en todo momento, conciliando los ciclos técnicos con los principios de equilibrio y resiliencia característicos de los ciclos biológicos. Este nuevo modelo económico trata en definitiva de desvincular el desarrollo económico global del consumo de recursos finitos.

El concepto de circularidad aborda los crecientes desafíos relacionados con los recursos a los que se enfrentan los ciudadanos, las empresas y los gobiernos, y pretende por esta vía generar crecimiento, crear empleo y reducir los efectos ambientales negativos, incluidas las emisiones de gases de efecto invernadero causantes del cambio climático. Dado que, cada vez son más los que abogan por un nuevo modelo económico basado en el enfoque de sistemas, y la acción favorable de actores tecnológicos y sociales hacen posible la transición exitosa hacia la economía circular, la cual facilita aplicar el principio de la prevención y de la sostenibilidad en materia ambiental, ya que incluye los aspectos necesarios para garantizar el modelo de desempeño que requiere la era de la globalización.

Cap.IX.- Ventajas de la Economía Circular, Espaliat Canu (2017)

- **Incremento de la productividad y de la competitividad**

Eliminar residuos de la cadena industrial mediante la reutilización de los materiales a su máximo, permite a las empresas reducir los costos de producción y la dependencia de los recursos primarios. Los beneficios de la economía circular no son sólo de índole operativo, sino también estratégico, para la industria, porque además benefician a los clientes, usuarios y consumidores, convirtiéndose en una fuente de eficiencia como de innovación. En ese orden, las empresas al adoptar los principios de la economía circular, se benefician de ahorros sustanciales netos en materias primas, y de la reducción de los riesgos de suministro y de la volatilidad de los precios.

Además, les permite incrementar la motivación para desarrollar la innovación y generar puestos de trabajo, mejorar la productividad y la competitividad, garantizando la estabilidad de la economía a largo plazo.

- **Generación de beneficios**

Las empresas a título individual pueden reducir el costo de los insumos y, en algunos casos, generar flujos de beneficios totalmente nuevos, si funcionan de acuerdo con esquemas circulares. Estudios recientes demuestran que la adopción de enfoques de economía circular en relación con la fabricación de productos complejos de duración media y de bienes de consumo de alta rotación, puede contribuir, para citar algunos ejemplos, a generar las siguientes ventajas: El costo de refabricación de teléfonos móviles puede reducirse en un 50 %, si la industria fabrica aparatos con componentes fáciles de separar, si se propicia el ciclo inverso, y si se ofrece a los usuarios incentivos para incorporarlos al circuito de reciclaje.

Las lavadoras de alta gama resultan más accesibles para la mayoría de los hogares si se alquilan en lugar de adquirirse, ya que los clientes ahorran con esta opción, un tercio por ciclo de lavado, y el fabricante incrementa su beneficio en un tercio. 1) Puede generarse un flujo importante de ingresos si se procesan los residuos de alimentos de los hogares, de la hostelería y de la restauración. 2) Es posible obtener un beneficio significativo en la elaboración de cerveza si los salvados de las cerveceras se venden para ser utilizados como fertilizantes o combustible. 3) Por otro lado, los costos de envasado, procesamiento y comercialización de cerveza pueden reducirse alrededor de un 20 % si se usan envases de cristal retornables y reutilizables. 4) Se estima que cada tonelada de ropa usada, recogida y clasificada puede generar importantes ingresos y beneficios a través de su reutilización.

- **Reducción de la volatilidad de los precios e incremento de la seguridad de los suministros**

El paso a la economía circular supone un menor uso de materias primas vírgenes y un mayor uso de insumos reciclados, lo que reduce la exposición de las empresas a los precios de las materias primas, cada vez más volátiles, y genera mayor resiliencia ante esta situación. También se reduce la amenaza de interrupción de las cadenas de suministro por culpa de desastres naturales o desequilibrios geopolíticos, ya que la descentralización de los proveedores ofrece la posibilidad de contar con fuentes alternativas de recursos productivos.

- **Generación de demanda de nuevos servicios empresariales**

La economía circular puede generar la demanda de nuevos servicios empresariales, como, por ejemplo: 1) Recogida y logística inversa que aumenten la vida útil de los productos que se reintroducen en el sistema. 2) Comercialización a través de plataformas que permitan prolongar la vida útil y la reutilización de los productos, y que faciliten la reincorporación de residuos y subproductos a los circuitos de fabricación. 3) Fabricación de nuevas piezas y componentes, y reacondicionamiento de productos que requieran técnicas y conocimientos especializados. La recogida, el desmontaje, el reacondicionamiento de productos, la reintegración en el proceso de fabricación, y el poner los artículos al alcance de los usuarios, requieren de competencias especializadas y del conocimiento detallado de los procesos.

En la mayoría de los casos, es posible aplicar economías de escala entre fabricantes cuyas actividades son afines o complementarias, generando sinergias y nuevas oportunidades de negocio para las empresas que comparten los recursos dentro del circuito productivo.

- **Estímulo de mayor interacción con los clientes**

Las soluciones circulares ofrecen a las empresas nuevas formas para interactuar de forma creativa con los clientes. Ciertos modelos de negocio, tales como el alquiler o el contrato de arrendamiento ("leasing", "Renting") establecen una relación a más largo plazo entre la empresa y sus clientes, ya que el número de contactos entre ellos se incrementa a lo largo de toda la vida útil del producto o del servicio.

Cap.X.- Catalizadores de la Circularidad

Para Espaliat Canu (2017), Aunque las empresas pueden impulsar los tres pilares fundamentales de la circularidad es necesario contar con el apoyo de los factores de impulso los cuales puede ayudar en la transición hacia la economía circular y se detallan a continuación:

- **Políticas económicas y financieras**

El actual escenario social, ambiental, político y económico reclama la transición hacia una economía menos intensiva en el uso de recursos, que genere valor de una forma simbiótica con el entorno. Durante esta transición, algunas empresas deben superar barreras para desarrollar modelos de negocio circular y económicamente viable. El diseño y concepción de estos modelos, así como su financiación o su gestión, suponen importantes desafíos para las organizaciones decididas a invertir en un cambio que a menudo es de carácter complejo. Además, esta transición requiere de mecanismos de financiación específicos, de nuevas formas de incluir el valor residual de los productos en el modelo de negocio, y de un nuevo marco para analizar los riesgos de las inversiones.

La adopción del modelo económico circular requiere de instrumentos financieros ajustados a este nuevo modelo. Todos los actores de las distintas cadenas de valor deben tener acceso a financiación y herramientas de gestión de riesgos para respaldar el gasto en inmovilizado y en I+D. También es necesario tener en cuenta la aplicación de incentivos que fomenten la producción "verde", el uso de tecnologías innovadoras y sostenibles, y la investigación sobre circularidad y sostenibilidad. Contar con un marco normativo estable es un aspecto fundamental para los inversores, y puede ser especialmente alentador si los gobiernos demuestran la intención de impulsar la transición hacia la economía circular.

Las administraciones pueden generar valiosos estímulos al cubrir algunos de los riesgos asociados con la adopción de modelos empresariales innovadores, y otras medidas de estímulo económico y financiero de la economía circular que se pueden implementar, entre las cuales se tiene:

1) Ayudas y subsidios a las empresas que empleen procedimientos de producción "verde" y que reduzcan las emisiones de gases de efecto invernadero.

2) Incentivos económicos para los procesos que produzcan menos residuos, o para reducir los residuos no susceptibles de ser sometidos al reciclado.

3) Políticas fiscales favorables a las inversiones en tecnologías, infraestructuras y sistemas que promuevan los principios y objetivos de la economía circular.

4) Políticas reguladoras de precios que favorezcan la comercialización de productos y servicios sostenibles.

5) Políticas favorables a la producción "cero residuos" y a la reducción de la huella hídrica y de la huella de carbono de los productos agrícolas e industriales.

6) Políticas de inversión estatal en infraestructuras y estrategias de fomento y desarrollo de la economía circular.

7) Limitación del gasto público en áreas y sectores que perjudiquen la buena gestión de los recursos naturales.

8) Inversiones en gasto público dirigidas a la circularidad.

9) Eliminación de las políticas proteccionistas y barreras comerciales contrarias a los principios y fundamentos de la circularidad.

10) Medidas conducentes al fortalecimiento de la gobernanza nacional e internacional en materia de sostenibilidad.

11) Medidas que favorezcan el comercio responsable de los derechos de emisión de gases de efecto invernadero

- **Plataformas colaborativas**

La colaboración eficaz entre cadenas de producción y entre sectores según esquemas de alianzas estratégicas o simbiosis industrial, es imprescindible para el establecimiento a gran escala de un sistema circular. El desarrollo conjunto de productos y sistemas de recogida y selección de residuos y subproductos, la transparencia posibilitada por la informática y el intercambio de información, los estándares sectoriales, la armonización de incentivos y los mecanismos de intermediación, deben ponerse en marcha junto con el establecimiento de plataformas colaborativas entre las partes implicadas, contando con el apoyo de las correspondientes políticas de fomento.

- **Un nuevo marco económico**

Cambios sustanciales en los sistemas fiscales tradicionales y en los métodos de medición del rendimiento económico, son alternativas que pueden contribuir a facilitar la transición sistemática hacia la economía circular. Trasladar los incentivos fiscales desde los recursos hacia la mano de obra, y complementar los datos basados en el flujo del PIB con la medida de las reservas de activos de cada nación o territorio, son fundamentales para enfocar la economía circular. El desarrollo de planes a largo plazo para reequilibrar el costo de los diferentes factores productivos y evaluar correctamente los factores externos clave, son instrumentos que deben poner en marcha los estamentos responsables para desarrollar un nuevo marco económico que contribuya a consolidar el proceso de transición hacia la circularidad.

- **Nuevos modelos de Producción y Fabricación**

Debido a su carácter disruptivo y transgresor, las nuevas ideas y los nuevos modelos de producción y de negocio que propician la circularidad dan a menudo la sensación de ser, por su propia naturaleza, incómodos y perturbadores. En todo caso, la lógica demuestra que son menos negativos si se les analiza, por ejemplo, desde el punto de vista del contexto de un mundo en el que empiezan a escasear el agua, la energía y las tierras fértiles, con un telón de fondo caracterizado por las amenazas del cambio climático, los fenómenos meteorológicos extremos y los desastres naturales, así como por la creciente escasez y el consecuente incremento del costo de los recursos naturales finitos.

La puesta en práctica del conjunto de estrategias, sistemas y herramientas que ofrecen las tecnologías alineadas con los principios de la economía circular y de la sostenibilidad, pueden contribuir de modo muy positivo al diseño de modelos de producción industrial organizados con este objetivo. Concretamente, las actuaciones en materia de reciclaje, reutilización de residuos valorizables, ciclo inverso y refabricación, son claros ejemplos en dicho sentido.

- **Nuevos modelos de Distribución**

Al analizar lo que ocurre en relación con los recursos hídricos, alimentarios y energéticos, que afectan a estos en lo que respecta a su distribución local, territorial y global. Es necesario promover la distribución más justa y equitativa de estos recursos, sobre todo cuando el mundo se mueve de acuerdo a un imparable e irreversible proceso de globalización. El reto de lograr de modo integral el equilibrio en la distribución de los recursos, y de lograr de modo paralelo su utilización sostenible, no es de fácil solución, situación que refuerza la necesidad de promover nuevos hábitos de comportamiento y consumo en la sociedad civil.

En esta tarea adquieren relevancia la sensibilización y formación que deben promover gobiernos e instituciones para encauzar a los ciudadanos hacia el ejercicio responsable de sus relaciones con su entorno de vida y trabajo. También en este terreno es indispensable crear un clima transversal y multisectorial de colaboración, basado en la puesta en práctica de esquemas de gobernanza de proyección global, que actúen como catalizadores del cambio para conseguir la implantación de los principios de la circularidad.

- **Cambio de paradigmas de comportamiento social**

Cuando en los años setenta se publicó el estudio "Los límites al crecimiento", se puso de relieve la necesidad de modificar las tendencias del desarrollo, y de establecer las condiciones para vivir en un planeta más equitativo, estable y respetuoso con el medio ambiente. La creciente complejidad del ámbito socioeconómico, la globalización, la interdependencia de los sistemas y sus impactos sociales, refuerzan la idea y la necesidad de asegurar el desarrollo sostenible como respuesta. Sin embargo, la realidad es más compleja e incierta.

Los efectos del cambio climático, la transición hacia una economía baja en carbono, las innovaciones tecnológicas y de los procesos de producción, el crecimiento demográfico, o los cambios en los modelos de consumo, por citar solamente algunos factores críticos, están provocando situaciones que a menudo causan alarma social y riesgo de profundas desigualdades. A esta realidad hay que añadir el cambio de paradigmas de comportamiento individual que surge como consecuencia del progreso y de la reivindicación del estado de bienestar, tanto en naciones avanzadas como en las de economías emergentes.

A modo de ejemplo, cabe analizar las actitudes de los ciudadanos en relación con el reciclaje, acción que, constituye una de las opciones básicas para el despliegue eficaz de la economía circular. Reciclar es fácil y sencillo, pero a menudo el ciudadano lo percibe como algo engorroso y complicado. La falta de espacio en el hogar, la comodidad, el desconocimiento, y la desconfianza hacia el sistema, alimentan excusas a las que se aferran para reciclar, y mejorar la calidad de vida, colaborar con la sostenibilidad y disfrutar de un entorno más saludable.

El comportamiento de los consumidores frente al reciclaje ha sido objeto de estudio durante años, y varias investigaciones han empezado a encontrar respuestas sobre los factores que influyen en los ciudadanos a la hora de tomar decisiones relacionadas con la costumbre de reciclar. Un reciente estudio de la Universidad de Boston ha puesto en evidencia que la sensación de culpa respecto a la generación de residuos se ve reducida, o incluso superada, si los consumidores perciben que pueden reciclar. Varios experimentos demostraron que, para una misma actividad, las personas sin posibilidad de reciclar hacen un uso más eficiente de los recursos, y generan menos residuos que las personas que pueden hacerlo.

Además, hay otros factores psicológicos que afectan al comportamiento humano ante el reciclaje. Se ha observado que los consumidores reciclan más los objetos que no han sido dañados, y que están más dispuestos a reciclar objetos que se identifican con su persona. El primer factor se explica porque si un producto se modifica mucho respecto al original, los consumidores lo perciben como menos útil, y son menos propensos a reciclarlo. El segundo factor se debe a que tirar un producto personal a la basura se asocia a tirar parte de uno mismo, de modo que se tiende a reciclarlo pensando que se le podrá dar un nuevo uso.

En el fondo, el reciclaje se ha de plantear como una opción que permita la mejor gestión de los residuos y su reincorporación al ciclo productivo como recursos. Se trata, de modificar hábitos, actitudes y comportamientos, superar reticencias, y estimular la colaboración y la solidaridad de las personas. Mediante adecuadas estrategias de información, comunicación y formación, se ha de procurar mejorar el conocimiento del consumidor respecto de los residuos, para así poder tomar mejores decisiones a la hora de desarrollar estrategias y campañas de reciclaje y de diseño de los productos.

En igual sentido, los gobiernos e instituciones pertinentes pueden contribuir de manera eficaz a reconducir ciertos hábitos de consumo hacia los principios de la economía circular, de la sensatez y de la sostenibilidad, propiciando la compra responsable y "suficiente" de bienes y servicios respetuosos con el medio ambiente, estimulando la adecuada gestión de todo tipo recursos, sancionando la publicidad tendenciosa y engañosa que conduce a la compra compulsiva, inservible y excesiva, y ajustando la oferta de productos y servicios a las necesidades "reales" de los consumidores.

- **Nuevos estilos de Uso y Consumo: el final de la compra compulsiva**

Están surgiendo en la sociedad civil modelos de uso y consumo según los cuales una nueva generación de consumidores prefiere los servicios que les permiten acceder a productos como "usuarios", en lugar de proveerse de estos como "propietarios". A este fenómeno se le denomina "Servitización". Según este modelo, los consumidores y las empresas buscan aquellas propuestas de valor que mejor satisfacen sus necesidades, y esto se consigue cuando el proveedor está cerca del cliente, y le ofrece soluciones que no necesariamente pasan por la venta de productos.

A este hecho se debe añadir la llegada al mercado de nuevas generaciones de consumidores, como los denominados "milenials", menos orientados a la posesión de productos, pero en cambio, más ávidos de experiencias basadas en el disfrute y acceso a los productos a través de servicios. Algunas empresas empiezan a adaptar sus modelos de negocio con el fin de aprovechar esta nueva situación, ofreciendo servicios basados en un producto. Además de satisfacer mejor las necesidades de los consumidores, este esquema permite reducir el impacto ambiental gracias a una mejor gestión de los recursos.

En síntesis, es una estrategia que alinea de modo inteligente los intereses del productor y del consumidor. La industria debe convertirse en un proveedor de servicios que van más allá de la simple fabricación. Debe procurar mantener una relación más directa con sus clientes una vez que ha vendido sus productos, y conocer las funciones o usos más solicitados, adecuando sus diseños y desarrollos a las preferencias de los usuarios, y creando una amalgama de servicios alrededor de la información que obtiene directamente por este conducto y desde otras fuentes de datos.

Asi se estimula a que el cliente tome parte activa en la mejora del producto fabricado o del servicio prestado. Los modelos de uso cooperativo generan más interacción entre usuarios, comerciantes y fabricantes, se están implantando a ritmo acelerado y permite desarrollar esquemas de pago por rendimiento, alquiler, préstamo, retorno o reutilización, que son ventajosos desde numerosos puntos de vista. Por estas vías, el período de uso de los bienes se puede incrementar sustancialmente, ya que los artículos y servicios a compartir permiten su mayor y mejor utilización, hecho que además promueve el aumento de su longevidad y la reducción del costo de uso y mantenimiento.

Son numerosas las iniciativas que pueden contribuir a la mejor gestión de los recursos recurriendo a procedimientos de reciclaje, recuperación y reutilización, para lo cual la formación de los ciudadanos y la participación de las empresas y de las entidades administrativas y gubernamentales es fundamental. Es necesario también mejorar el conocimiento sobre el comportamiento del Consumidor frente a los recursos, con el fin de tomar las decisiones adecuadas al desarrollar estrategias y campañas de promoción y difusión de la circularidad.

Se debe incidir en el mercado basando las estrategias en la demanda de los consumidores, implicándolos de forma proactiva en relación con las opciones vinculadas al ecodiseño y a la ecoinnovación. También se les ha de orientar hacia la práctica de la "compra responsable", aquella que preserva equilibrada y sosteniblemente el interés ambiental, social y económico de los grupos de interés, y que tiene en cuenta la actuación de la empresa a corto, medio y largo plazo.

- **Nuevas Tecnologías**

Las técnicas y estrategias bien planteadas y desarrolladas, pueden contribuir exitosamente y de modo directo a la consolidación de la economía circular. Dichas técnicas y estrategias se ven además reforzadas por las aportaciones innovadoras que ofrecen numerosas herramientas de última generación como las Tecnologías de la Información y de las Comunicaciones (TIC), el mundo de "Internet of Things" (IoT), la Digitalización, y el fenómeno "Big Data".

Los ejemplos que se describirán confirman la validez de las iniciativas adoptadas, así como las ventajas y beneficios que aportan a los objetivos de sostenibilidad y de optimización del uso de los recursos, incluidos los residuos y subproductos susceptibles de ser reincorporados al ciclo productivo. No obstante, se ha de tener en cuenta que la tecnología, sean cuales sean sus campos de aplicación, no representa por sí misma una solución para alcanzar objetivos de sostenibilidad.

Si las técnicas no son aplicadas respetando los requisitos para conferirles un enfoque holístico y transversal, pueden quedar bloqueadas muchas de las ventajas que ofrecen a título particular. En otro orden de cosas, se ha tener presente el requisito de evitar que la tecnología eluda el respeto a los marcos sociales, éticos y políticos que marcan las pautas para hacer un buen uso de ellas, y no con la intención de favorecer intereses de dudosa moralidad. Algunos actores eludieron esta condición en algunas etapas pasadas del proceso de desarrollo y progreso de la humanidad. El resultado, fue el de fomentar de modo inútil la cultura del derroche y de la especulación, y de generar impactos negativos a la sociedad y al medio ambiente.

XI.- Estímulos, Retos y Condicionantes de la Economia Circular

• Investigación, promoción, difusión e información

La implantación y desarrollo de la economía circular implica la adaptación a nuevos modelos de trabajo y hábitos de comportamiento que a menudo adquieren carácter disruptivo es para Espaliat Canu (2017), en igual sentido, la velocidad con que evoluciona la tecnología pone al servicio de todo el mundo una cantidad importante de información innovadora y vanguardista, que es preciso asimilar y procesar de modo adecuado, para luego aprovecharla como fuente para poner en práctica actuaciones y estrategias circulares con el máximo de eficiencia, y lograr por este conducto la óptima eficacia en resultados.

La información y los conocimientos derivados de la investigación y de la práctica de actividades relacionadas con la economía circular deben ser expuestos y difundidos con agilidad, de modo que impacten de modo provechoso tanto a nivel de los actores comprometidos con la iniciativa, como frente a los que deseen incorporarse a ella de modo proactivo.

El empleo de medios digitales y de internet permite hacer llegar con rapidez, a cualquier rincón del mundo, y a un número ilimitado de audiencias, cualquier información, relevante o no, que permita acelerar la transición hacia la economía circular a escala mundial. La única condición para conseguir resultados con esta herramienta, es emplearla de modo constructivo, racional y responsable, evitando toda tentación sensacionalista.

- **Formación y educación**

Por definición, el cambio a una economía verde implica cierto grado de reestructuración económica y de cambios en los modelos de comportamiento, lo que puede requerir la adopción de medidas importantes para asegurar una transición justa para los ciudadanos, así como para los trabajadores que puedan verse afectados por los cambios tecnológicos que el caso implica. En algunos sectores será necesario prestar apoyo para facilitar el cambio de las personas hacia nuevos puestos de trabajo, y en otros, como la industria, es probable que sea necesario capacitar a los trabajadores para que se adapten a los nuevos métodos, procedimientos y herramientas que necesitarán emplear para asumir funciones diferentes a las acostumbradas.

Sin duda, será necesario invertir importantes recursos formativos para la recapacitación y readaptación profesional de la fuerza de trabajo, teniendo en cuenta además que habrá que conciliar la coexistencia de tres generaciones, "seniors", "juniors" y "milenials" en relación con la distribución del poder, el peso de la cultura y la pérdida de valor de la experiencia como consecuencia de su choque con las nuevas tecnologías. Además, el proceso de globalización, los fenómenos migratorios y el aumento de la población refuerzan la necesidad de plantear la formación enfocándola con criterios intergeneracionales e interculturales.

Como ejemplo de lo anterior, baste tener en cuenta el caso del sector de las energías renovables, que hoy en día experimenta cierta escasez de trabajadores cualificados con formación y experiencia específica en las tecnologías propias de esta actividad. En realidad, casi todos los subsectores de la energía requieren trabajadores cualificados, siendo más pronunciada esta escasez en los sectores fotovoltaico, eólico, hídrico, del biogás y de la biomasa. También es apreciable la demanda creciente que se registra en este sector en relación con trabajadores expertos en industrias de desarrollo y producción de tecnologías de soporte a las energías renovables, en particular ingenieros, personal operativo, supervisores de obra, y servicios de mantenimiento.

La educación y la formación desempeñan un papel fundamental para preparar a los futuros profesionales para asimilar y desempeñarse con éxito de acuerdo con los nuevos paradigmas técnicos y económicos que irrumpen a velocidades vertiginosas, en especial para crear la base de competencias que impulse la innovación circular. Sacar partido de la implantación de la economía circular solo será posible si se cuenta con trabajadores cuyos perfiles destaquen no solo en conocimientos, capacidad analítica, espíritu innovador y visión global, sino que también asuman el requisito de trabajar en equipo y de adaptarse a cambios disruptivos.

Para asumir este reto, los gobiernos y entidades pertinentes deben promover la integración de la economía circular, del pensamiento sistemático y de la sostenibilidad en los planes de estudio de los centros educativos y de formación profesional, y adoptar esta estrategia para promover la sensibilización y asegurar el compromiso de la sociedad civil en general, y de los ciudadanos en especial, con los principios de la circularidad. En el mismo orden, las diversas organizaciones intergubernamentales, las instituciones y entidades financieras internacionales, las organizaciones sin ánimo de lucro, el sector privado y la comunidad internacional en su totalidad, han de ejercer un papel fundamental en la provisión de asistencia técnica y financiera a los países en desarrollo.

Ahora bien, con el fin de favorecer la transición fluida hacia la economía verde, es necesario un esfuerzo geopolítico sostenido y solidario por parte de diferentes actores. En este sentido, es probable que los niveles actuales de asistencia internacional sean insuficientes, y que estos deban ser reevaluados a la luz de la magnitud de las transformaciones que se desea llevar a cabo. Por su parte, Naciones Unidas y sus asociados han de coordinarse en torno a sus objetivos y a su trayectoria de apoyo a las actividades nacionales de desarrollo de capacidades y formación, utilizando   los conocimientos para apoyar la transición hacia la economía circular.

En lo referente a las naciones de economías emergentes, la cooperación sur-sur es muy importante: las experiencias y los éxitos alcanzados por muchos de los países en desarrollo para conseguir una economía verde aportan ideas y medios de gran valor para que otros países en similar condición sean capaces de responder a problemas análogos, a la luz de los beneficios alcanzados y la capacidad de liderazgo hayan demostrado en la práctica.

De esta forma, la cooperación sur-sur puede promover el intercambio de información, de conocimientos y de tecnología a un coste reducido. A un nivel más amplio, a medida que los países avanzan hacia una economía verde, el intercambio formal e informal de experiencias y de lecciones aprendidas a lo largo de su desarrollo, constituye una herramienta de gran valor para la puesta en práctica de capacidades.

- **Incentivos económicos y fiscales**

Todos los actores de las distintas cadenas de valor deberán tener acceso a financiación y herramientas de gestión para respaldar el gasto en activos y en investigación y desarrollo que implica la adopción y puesta en marcha de cualquier estrategia de economía circular. En otro orden de ideas, disponer de un marco normativo transparente y estable constituirá un requisito fundamental para motivar a los inversores y a los empresarios, y si los gobiernos demuestran la intención de apoyar la transición al modelo circular.

Los gobiernos y entidades financieras deben generar estímulos económicos y fiscales que permitan cubrir los riesgos asociados a la implantación de nuevos modelos empresariales, que en principio pueden ser considerados disuasivos, dado su carácter disruptivo. A falta de incentivos económicos, los emprendedores decididos a incorporar modelos de circularidad, pueden también recurrir a iniciativas como el "crowdfunding", modalidad de financiación muy próxima a los esquemas de la economía colaborativa, actualmente en boga como punto de partida para crear empresas innovadoras.

Los cambios sustanciales en los regímenes fiscales, así como la evaluación objetiva de los beneficios de la circularidad, pueden igualmente contribuir a la transición desahogada hacia la economía circular. Los incentivos fiscales y económicos deben trasladarse desde los recursos hacia la mano de obra y la tecnología, la evaluación y el diagnóstico objetivo de las reservas de recursos de países, regiones y territorios. Este proceder debe a su vez ser complementado con la implementación de planes financieros a largo plazo, con el fin de evaluar correctamente y equilibrar el costo de los diversos factores que intervienen en el proceso, desplegando un nuevo marco económico que contribuya a la transición hacia la circularidad.

- **Incentivos sectoriales**

La colaboración transversal y eficaz entre cadenas de valor y entre sectores es imprescindible para el establecimiento a gran escala del sistema circular. El desarrollo conjunto de productos, la transparencia, la digitalización y el intercambio de información, los sistemas conjuntos de recogida y clasificación de residuos, las estrategias de optimización energética, los estándares sectoriales, la armonización de incentivos y los mecanismos de intermediación, que se ponen en marcha a través del establecimiento de plataformas colaborativas entre distintos sectores productivos, y entre empresas e instituciones gubernamentales.

Es útil tener en consideración las valiosas ventajas que aportan los llamados convenios de "Simbiosis Industrial", aplicables en áreas industriales, en las cuales, mediante iniciativas, es posible que generen sinergias productivas y beneficios económicos. En similar dirección se debe fomentar y movilizar a los entes locales y regionales para que intensifiquen sus esfuerzos para mejorar la eficiencia en el uso de los recursos, promuevan la reducción del desperdicio, y estimulen dentro de su ámbito de influencia el reciclado, la reutilización y la recuperación. (Espaliat Canu, 2017)

CAP.XII.- Transición hacia un modelo de producción y consumo circular

Según la Cepal (2020), Dos de los principales problemas que afectan el medio ambiente y limitan las posibilidades de un desarrollo sostenible tienen que ver con la creciente demanda de recursos naturales destinados a mantener el estilo de vida actual de la población mundial y con la capacidad del planeta para asimilar los desechos que esta demanda genera. Considerando además, que la población sigue aumentando y podría llegar a 9.600 millones de personas en 2050 (CEPAL, 2019a y 2019b). El calentamiento global e incluso el origen de la actual pandemia de COVID-19 son manifestaciones que el sendero actual de desarrollo ha llegado a un punto que ha puesto en riesgo la sobrevivencia del sistema ecológico que lo sustenta, lo que coloca a los actuales patrones de producción y consumo en el centro de los cuestionamientos.

Por tanto, es necesario redireccionar acciones hacia un cambio de modelo donde la estructura productiva reduzca el uso de materiales, se enfoque en sectores intensivos en conocimientos, con altas tasas de crecimiento de la demanda, y se preserven los recursos naturales y el ambiente. Cada vez se vuelve más patente el llamado a que la etapa de la recuperación pospandemia se enfoque en medidas para avanzar hacia un modelo circular que permita disociar la actividad económica del uso de recursos y de la generación de desechos, al tiempo que se promueven nuevos modelos de negocios y empleos (Panel Internacional de Recursos,2020; Schröder, 2020).

Lograr los cambios necesarios obliga a la sinergia de políticas y normativas en torno al desarrollo sostenible (OCDE/CEPAL, 2014 y 2016), así como, a un nuevo paradigma cultural y una política industrial que promueva la creación de nuevas capacidades y el desarrollo de conocimientos locales a largo plazo (Compagnon,

2020). En esa línea, los esfuerzos públicos y privados para lograr la recuperación económica tras la pandemia, ejemplificados en paquetes de inversión pública e incentivos a la inversión privada, han de tener sinergias con los compromisos de acción climática (Bitrán y Rojas, 2020) y ser más estrictos en relación con el cumplimiento de los estándares ambientales, de modo de generar cambios a la velocidad necesaria para encarar las crisis actuales.

En América Latina y el Caribe, la economía circular ofrece una oportunidad de desarrollo, tanto por la creación de nuevas actividades económicas vinculadas con la provisión de bienes y servicios ambientales, como por la transformación de las actividades económicas que ya existen para aumentar su eficiencia CEPAL Economía circular en América Latina y el Caribe... material y reducir su impacto ambiental. Este camino también facilitaría avanzar en toda la Agenda 2030 para el Desarrollo Sostenible y, en particular, en aquellos Objetivos de Desarrollo Sostenible (ODS) y metas que hacen un seguimiento del cambio en los patrones de producción y consumo.

Entre ellos: • Meta 8.: Mejorar progresivamente, de aquí a 2030, la producción y el consumo eficientes de los recursos mundiales y procurar desvincular el crecimiento económico de la degradación del medio ambiente, conforme al Marco Decenal de Programas sobre Modalidades de Consumo y Producción Sostenibles, empezando por los países desarrollados. • Meta 11.: De aquí a 2030, reducir el impacto ambiental negativo per cápita de las ciudades, incluso prestando especial atención a la calidad del aire y la gestión de los desechos municipales y de otro tipo. • Meta 12.: De aquí a 2030, reducir a la mitad el desperdicio de alimentos per cápita mundial en la venta al por menor y a nivel de los consumidores y reducir las pérdidas de alimentos en las cadenas de producción y suministro, incluidas las pérdidas posteriores a la cosecha. • Meta 12.

De aquí a 2020, lograr la gestión ecológicamente racional de los productos químicos y de todos los desechos a lo largo de su ciclo de vida de conformidad con los marcos internacionales convenidos, y reducir significativamente su liberación a la atmósfera, el agua y el suelo a fin de minimizar sus efectos adversos en la salud humana y el medio ambiente, y • Meta 12.: De aquí a 2030, reducir considerablemente la generación de desechos mediante actividades de prevención, reducción, reciclado y reutilización (Naciones Unidas, 2015, págs. 22, 25 y 26). Además, esta transformación ha de ser universal y requiere de la cooperación internacional, tal y como se reconoce en los acuerdos adoptados en la Asamblea General de las Naciones Unidas.

En cuya resolución A/RES/73/247 se recomienda que los países integren o apliquen conceptos como la economía circular y la Industria 4.0 con el fin de lograr una actividad industrial y sistemas de fabricación más sostenibles, de conformidad con los planes y prioridades nacionales (Naciones Unidas, 2019).

Cap.XIII.- Responsabilidad Social Corporativa

Según Espaliat Canu (2017), la Responsabilidad Social Corporativa (R.S.C.) es clave para la implantación de la economía circular y para alcanzar el desarrollo sostenible sobre la base de nuevos paradigmas. Además de enfocarse en los ámbitos económico, empresarial, social, cultural y ambiental, debe contribuir a mejorar el desarrollo y defender la dignidad de las personas y de la sociedad. En la era actual, tecnificada y globalizada, no cabe actuar en este terreno de modo irresponsable ni con mentalidad especulativa. El dialogo entre todos los actores políticos, sociales y económicos debe ser permanente, con el fin de crear entre ellos un entorno de comunicación y colaboración solidario y eficaz.

Promover un esquema de esta naturaleza ha de ser el objetivo de nuevas estrategias de marketing y comunicación transversal que generen sinergias colaborativas marcadas por los valores de la responsabilidad, la transparencia y la integridad, alejadas del concepto tradicional de consumo, con el fin de producir resultados sólidos y estables. En un escenario de rápida transformación del paradigma socioeconómico y productivo, es necesario poner en marcha una revolución innovadora dirigida a crear un modelo de empresa socialmente responsable y económicamente viable.

Las empresas, independientemente de su tamaño, van a ser, sin duda alguna, las locomotoras de una revolución a la que, paulatinamente, se unirán el resto de actores económicos y sociales. Las estrategias de negocio sostenibles, al igual que la tecnología, no son válidas, y se han de adaptar al contexto vigente según el uso que se haga de ellas. La gestión de los recursos, se trate de materias primas, de residuos valorizables generados durante los procesos industriales, o de productos y materiales reciclables o reutilizables derivados de la actividad de los consumidores, debe hacerse procurando que éstos sean integrados dentro de un circuito de retroalimentación que permita su optimización como tal, y promueva su permanencia en el ciclo económico durante el mayor tiempo posible.

Esta situación solo es posible de alcanzar si cada uno de los responsables involucrados actúa con sentido de compromiso y de solidaridad. Actualmente, hay indicios que el sistema consumista está alcanzando una situación de colapso, a la vez que aumenta peligrosamente la producción de residuos y subproductos que no son reincorporados a ciclos basados en la economía circular. Esta situación provoca el incremento de la contaminación en todos los niveles, la saturación de vertederos incontrolados, el derroche de recursos, incluidos los naturales y los renovables, y aumenta la presión sobre los recursos finitos, con el riesgo de producir su agotamiento irreversible.

Aplicada con objetividad y con un mínimo de sentido común, la Responsabilidad Social Corporativa ha de conducir y motivar a las empresas a jugar un papel proactivo que permita desterrar el concepto de consumo tradicional, para sustituirlo por un modelo de comportamiento socioeconómico basado en la sensatez, lo cual solo es posible si, aprovechando las soluciones tecnológicas actualmente disponibles, se crean grupos de interés recíproco, flujos de información y relaciones de colaboración y afinidad en el entorno de sus respectivos sectores de actividad.

Cada núcleo de actividad debe relacionarse con su entorno con el fin de procurar satisfacer tanto sus propias necesidades y expectativas, y los demás actores susceptibles de compartir valor añadido de las relaciones de colaboración transversal. Este modelo de comportamiento productivo se ha de hacer extensivo al fomento de hábitos de consumo responsable que conduzcan a la racionalización del circuito de acuerdo con los principios de la circularidad. En síntesis, se trata de cambios sustanciales de comportamiento tanto a nivel de la producción de bienes y servicios como del consumo, apuntando hacia opciones sostenibles libres de toda intención especulativa y derrochadora.

Es importante recordar que para consolidar la economía circular como modelo de comportamiento socioeconómico, son necesarias las iniciativas de promoción, difusión, Información y formación, tanto a nivel de los ciudadanos, como de las empresas, organizaciones y todo tipo de estamentos públicos y privados, así como, las estrategias para incentivar responsablemente la reducción y el reaprovechamiento de residuos, los cambios organizativos de las empresas, y el cambio de hábitos de consumo de los ciudadanos, los cuales se deben implementar no solo mediante la difusión teórica y académica de cursos monográficos, sino también recurriendo a la adopción de todas aquellas iniciativas que han demostrado su validez a la hora de ser llevadas a la práctica.

Las empresas tienen que ofrecer productos y servicios sostenibles, pero lo más importante es que los consumidores también deben exigir y elegir las opciones "verdes", y dejar de malgastar impulsados por acciones propagandísticas que solo conducen al sobreconsumo e invitan a la "compra compulsiva", resultado del llamado "efecto imitación" y de la sumisión pasiva a marcas o modas impuestas para estimular el consumo marginal e inútil.

Es indudable que estos esquemas de comportamiento no son fáciles de asumir por la sociedad civil, a corto plazo. Un cambio radical de paradigmas implica la necesidad simultánea de reconducir a los modelos de publicidad que han conducido al auge de la era industrial, y como consecuencia colateral, al consumismo exacerbado. Se han de revisar con rigor y responsabilidad los métodos y procedimientos publicitarios, así como los mecanismos de comunicación social, con el fin evitar políticas de producción y consumo que propicien a las personas a adquirir bienes y servicios más allá de su capacidad de compra real, poniendo en entredicho el requisito de asegurar la sostenibilidad integral del sistema.

Nadie discute la importancia y los beneficios que aporta la práctica de la Responsabilidad Social Corporativa, cuando el objetivo es consolidar los fundamentos de la economía circular. Las empresas que se declaran respetuosas con el medio ambiente se sitúan en una posición de ventaja competitiva en el mercado, debido en gran medida a la presión ejercida por unos consumidores cada vez más sensibilizados en materia ambiental. Si además los consumidores participan de modo proactivo en estrategias enfocadas en esta dirección, el resultado más probable será el de impartir credibilidad y auténtico sentido a estos postulados

- **Proyección transversal y multisectorial**

La innovación empresarial ocupa un lugar central en la transición hacia la economía circular. Este hecho implica el reto de unir esfuerzos entre todos los actores comprometidos en la implantación y desarrollo de estrategias conducentes a este objetivo, incluyendo ciudadanos, empresas y estamentos gubernamentales. Además, cada caso de aplicación de los principios de la circularidad requiere tener en cuenta el sector en el cual se sitúa su actividad, respetando rigurosamente los parámetros específicos que lo configuran y que desempeñan un papel destacado en materia de sostenibilidad, sin perder de vista el enfoque holístico que debe mantener con todo el resto del sistema.

Las estrategias que se centran exclusivamente en sectores concretos no pueden beneficiarse de las relaciones que es posible crear entre estos y otras actividades afines o complementarias derivadas de la integración de diferentes cadenas de valor. La reducción del consumo energético y de las emisiones de gases de efecto invernadero son claros ejemplos de ello. Aumentar el uso de energías renovables resulta más eficaz cuando esta medida se acompaña de otras orientadas a mejorar la eficiencia energética entre sectores clave, como es el caso de la construcción, el transporte y la industria.

En el terreno de la economía circular, se deben favorecer las alianzas colaborativas y los esquemas de simbiosis industrial, con el fin de generar sinergias como resultado de todo el proceso de implantación y desarrollo de las iniciativas circulares, y superar por esta vía los retos que conlleva su aplicación. Se debe buscar la prosperidad implantando esquemas de colaboración innovadores entre auténticos "socios globales", de ámbitos locales, regionales, estatales y mundiales, dispuestos a adoptar planteamientos que permitan aprovechar los beneficios económicos, ambientales y sociales de los nuevos modelos conceptuales de trabajo, haciéndolos extensivos de modo responsable, recíproco y solidario al resto de los agentes involucrados en la aventura circular.

- **Gobernanza**

La evolución del mundo contemporáneo hacia la implantación de la economía circular se ve afectada por la gran magnitud y variedad de opciones que surgen como consecuencia de la evolución tecnológica, a lo cual es necesario añadir el requisito de adaptar dichas opciones a nuevos modelos de negocio, a nuevos paradigmas de comportamiento social, a diferentes actitudes de consumo, y a nuevos enfoques en la relación de la sociedad con el uso y protección de los recursos del planeta.

La circularidad involucra tanto a las administraciones públicas como a las empresas, pero también a la sociedad en general, que debe replantearse sus necesidades reales. De la misma manera, sus beneficios alcanzan a todos, reduciendo el uso de recursos y la generación de residuos, y limitando significativamente el consumo de energía y los costos de producción. Ante esta realidad, aparece como requisito el de gestionar todo este conjunto en sentido transversal, impartiéndole una dimensión global y solidaria.

Es en este punto donde adquiere importancia la adopción de estilos de "gobernanza" o de "management" que permitan llevar a buen fin las iniciativas y las acciones dirigidas a alcanzar los objetivos de estabilidad económica y sostenibilidad integral implícitos en los principios de la circularidad. Asumir, y poner en práctica este fundamento de gestión, implica igualmente actuar con el máximo de agilidad, de modo que los ciudadanos, las empresas, las administraciones y los gobiernos puedan asumir comportamientos que vayan más allá de la simple sumisión pasiva al cambio generado por la evolución rutinaria de las circunstancias.

Tampoco hay que olvidar las lecciones del pasado, aquellas que en determinadas épocas generaron las "burbujas" y las famosas "crisis", producto de no haber reconducido a tiempo unos modelos empresariales y de comportamiento social basados exclusivamente en la bonanza coyuntural. En su día, muchos creyeron que el estado de bienestar era algo inamovible, un derecho adquirido y gratuito. Deslumbrados por el éxito que proporcionaron los años de "vacas gordas", políticos, empresas y ciudadanos vivieron en un engañoso "mundo de fantasía", sin aprender ni asumir las lecciones que anunciaron los desastres a los que siempre conducen la pasividad y el conformismo.

La sociedad no puede prosperar sobre la base de aceptar como inamovibles aquellas situaciones que deslumbran ocasionalmente mientras las cosas van bien, sin tomar conciencia de que dicha actitud tiene fecha de caducidad y conduce irremediablemente al caos. Para constatar esta lamentable realidad, no hay más que observar cómo muchas empresas murieron de éxito durante épocas de crisis por no rediseñar y reconducir a tiempo sus negocios. Y cómo simples ciudadanos, por ingenuidad, negligencia o ignorancia, vieron evaporarse sus ilusiones cuando vieron frustrados sus intentos de alcanzar niveles de vida excesivamente alejados de los medios y recursos reales de que disponían.

- **Indicadores para la evaluación de resultados**

Una de las cuestiones que suscita debate en relación con la implantación global de la economía circular, es la necesidad de disponer de indicadores que permitan evaluar objetivamente los avances y resultados que se consiguen mediante este modelo, en términos de eficiencia y de eficacia en el uso de los recursos. Teniendo en cuenta el carácter multisectorial y pluridisciplinar de la circularidad, para valorar este aspecto se suelen adoptar diferentes enfoques y fuentes de información, lo que dificulta la comparación de resultados.

La economía circular se ve fragmentada a través de múltiples disciplinas, y por esta razón existen distintas perspectivas e interpretaciones del concepto, así como de los aspectos que requieren ser evaluados. Esta fragmentación puede incluso dar lugar a aproximaciones desiguales en relación con el cálculo de los impactos, lo cual dificulta también la comparación de resultados provenientes de fuentes dispersas. A su vez, se dispone actualmente de escasa información sobre los efectos indirectos de la circularidad sobre la economía, sobre la cadena de valor, sobre los cambios de patrones de conducta de los consumidores, así como sobre los efectos sociales de los impactos generados durante la transición hacia este modelo.

Disponer de indicadores idóneos para evaluar los resultados de la adopción del modelo circular es un requisito imprescindible para las administraciones y para las empresas a la hora de tomar decisiones. Para lograr que dichos indicadores constituyan una herramienta de evaluación eficaz, deben aportar información objetiva que permita "medir" los avances realizados durante la etapa de implantación, y facilitar datos estadísticos para el adecuado seguimiento, la toma de decisiones y el control del proceso.

Por otro lado, es necesario definir indicadores que permitan ser ajustados a las diferentes tipologías de recursos susceptibles de ser evaluados, comparando los datos de los procedimientos empleados en la economía lineal tradicional, con las ventajas generadas mediante la adopción de modelos circulares. Este análisis comparativo debe centrarse de modo dinámico, enfocándolo a aquellos aspectos más susceptibles de generar ventajas a corto plazo, como es el caso de la gestión de los recursos naturales, del agua, de la energía, de los residuos y de los subproductos.

Para que adquieran mayor valor práctico, las observaciones se han de hacer teniendo en cuenta la evolución del cambio hacia modelos de producción y consumo basados en la adopción de estrategias de ecoinnovación y ecodiseño. Los indicadores, que podrán tener carácter vinculante, deberán basarse en información de carácter técnico y legislativo, y ser de utilidad tanto para las empresas como para las administraciones, de modo que permitan medir los avances realizados, ajustar tendencias y mejorar su proyección a lo largo del tiempo.

En el plano institucional, por ejemplo, se deberá tener en cuenta aspectos como la previsión de métodos armonizados para calcular las tasas de reciclado, y el desarrollo de indicadores relacionados con el "valor ambiental" de cada tipo de residuo. Con instrumentos de este tipo, junto con la adopción de nuevos modelos de negocio, las empresas que adopten los principios circulares podrán comprobar el valor adicional de sus productos y servicios, medir el impacto ambiental de sus procesos, aumentar su eficiencia en el uso de recursos, y orientar sus decisiones y estrategias en materia de sostenibilidad

También es necesario tener en cuenta que las empresas suelen utilizar gran variedad de sistemas y herramientas de valoración aplicables a diversos aspectos de la gestión específica de su negocio, con el fin de evaluar, controlar y medir la productividad y el estado de progreso y desarrollo en áreas concretas dentro de la compañía. Como complemento de esta opción, estudios efectuados por diferentes organizaciones proponen, como medida de evaluación de los resultados de la adopción de la circularidad, el llamado Indicador Material de Circularidad (MCI), enfocado a nivel de producto, y que tiene en cuenta la cantidad de materiales y componentes nuevos, reciclados y reutilizados que entran en el proceso productivo.

El tiempo y la intensidad de utilización del producto, teniendo en cuenta su mantenimiento y reparación, el destino del producto y sus componentes después de su uso, y con qué nivel de eficiencia puede ser reciclado. Considera los costos generados a lo largo de todo el ciclo de vida del producto, efectuando un balance entre estos costos y el valor añadido obtenible mediante su reutilización y el uso de sus componentes al final de su vida útil, incluyendo la valorización de dichos componentes mediante técnicas de reciclaje.

La demanda de sistemas de evaluación de los beneficios de la circularidad aumenta a medida que crece el interés por este modelo. No es fácil definir cuál o cuáles son los indicadores más apropiados para ello, y el reto más importante para las empresas radica en asumir el cambio de paradigma implícito en la adopción de nuevos modelos de gestión empresarial, generadores de impactos disruptivos si se les compara con los métodos tradicionales de evaluación. Las empresas habituadas a medir indicadores generales de "uso", necesitan en el contexto circular cambiar dichos procedimientos por sistemas de medición de "valor" y de "impacto" de sus productos y actividades.

En otro orden de ideas, la complejidad del cambio no facilita la evaluación de una determinada actividad, ya que, en principio, las empresas que deciden adoptar la economía circular desconocen los que deberían ser los nuevos sistemas de evaluación, ni cuentan con una visión en perspectiva que les permita basar sus observaciones en puntos de referencia concretos. La simple medición de la mejoras y de la optimización productiva no constituye un elemento válido para extraer conclusiones definitivas en cuanto a eficiencia o eficacia, aun cuando es probable que la evolución de las tecnologías digitales, tal y como se analizará más adelante, permitirá a corto plazo disponer del conjunto de datos estadísticos necesarios para analizar la información y enunciar conclusiones objetivas en este terreno.

A la hora de evaluar los resultados de la adopción de los principios y fundamentos de la economía circular, es también de interés tener en cuenta la observación de casos de éxito que han demostrado su eficacia en sectores diversos de actividad empresarial. Mediante la comparación con negocios similares, algunas empresas pueden disponer de información válida y extrapolable a su propia actividad a la hora de valorar los beneficios de su propia estrategia circular, basándose en las experiencias de organizaciones que han asumido el desafío de la circularidad, y que han conseguido por esta vía avances sustanciales en la evaluación y confirmación de las ventajas de esta práctica.

Ninguna herramienta de evaluación, es por sí misma capaz de medir el alcance de los impactos de un cambio, sobre todo si éste tiene carácter disruptivo. La economía circular no es una excepción en este sentido, y requiere de cierto tiempo de evolución hasta que llegue el momento en que sea posible disponer de puntos de referencia objetivos para redefinir un nuevo concepto del éxito empresarial. En ese orden la Circularidad y la Responsabilidad Social, representa un reto un reto en la realidad que abordan en sus entornos. Por ello, la formación entre las pequeñas y grandes empresas alrededor de la producción responsable, es una tarea de obligado cumplimiento, con la cual mejorarán su Responsabilidad Social Corporativa y serán más competitivas y responsables con el entorno.

En vista de ello, la Responsabilidad Social Corporativa y la Sostenibilidad juegan un papel fundamental en esta transformación hacia el modelo circular, canalizando los esfuerzos de las empresas que buscan innovar. Dado que, *el* consumo y la producción sostenibles consisten en hacer más y mejor con menos, buscando desvincular el crecimiento económico de la degradación medioambiental, es decir, gestionando sus impactos sociales, ambientales y éticos en sus operaciones, centrándose en contribuir positivamente a la sociedad y al medio ambiente en el que operan. En este sentido, la Responsabilidad Social Corporativa se basa en principios clave, como la transparencia, la ética, el respeto por los derechos humanos, el cuidado del medio ambiente y el compromiso con la comunidad en la que operan

Cap.XIV.-   Sostenibilidad Ambiental, y Empresarial

La sostenibilidad ambiental se refiere a la capacidad de mantener el equilibrio y la armonía entre el entorno natural y las actividades humanas a largo plazo y se puede definir como la tasa de aprovechamiento de los recursos renovables. Implica considerar y abordar diversos aspectos, como la conservación de la biodiversidad, la protección de los recursos naturales, la reducción de la contaminación, el uso eficiente de la energía y los materiales, y la adopción de prácticas responsables desde el punto de vista ambiental. Para lograr esta sostenibilidad es fundamental adoptar enfoques y prácticas que minimicen el impacto ambiental negativo de las actividades humanas.

Esto implica promover la conservación de los ecosistemas y la diversidad biológica, fomentar la gestión sostenible de los recursos naturales, adoptar tecnologías limpias y promover la eficiencia energética, reducir la generación de residuos y promover el reciclaje y la reutilización, así como también educar y concienciar sobre la importancia de la protección del medio ambiente. Además, no solo tiene beneficios para el entorno natural, sino también para la sociedad en su conjunto. Al promover prácticas sostenibles, se pueden crear comunidades más saludables y resilientes, preservar la calidad del aire, el agua y los recursos naturales, mitigar el cambio climático y garantizar un entorno propicio para el desarrollo sostenible a largo plazo.

Ventajas de poner en marcha medidas de sostenibilidad ambiental en una empresa

- Acabar con la contaminación de las áreas verdes y la contaminación atmosférica son los objetivos finales a conseguir, y lograr conservar el medio ambiente y cuidar de la salud. Algunos de los beneficios de poner en marcha medidas de sostenibilidad son los siguientes:

- El uso de tecnologías limpias y renovables es crucial para conseguir la sostenibilidad ambiental al igual que un consumo responsable de la energía. Para que la energía no se acabe y no se supere el índice de agotamiento se deben implementar planes de protección y regeneración de recursos.

- Fomentar el reciclaje de los residuos e impulsar el ecodiseño es una de las estrategias de desarrollo sostenible que se están implementando para conseguir un consumo sostenible.

- Las empresas que apuestan por poner en marcha medidas de sostenibilidad ambiental generan imagen de marca potenciando su prestigio y hacen posible que sea más eficiente la utilización de la energía y los recursos a lo largo de todo el proceso productivo.

- Aplicando la normativa las organizaciones pueden evitar ser multadas y también sancionadas por normas medioambientales vigentes

- La apuesta por acciones de desarrollo sostenible hace posible que se promueva la utilización de productos con un impacto menor en el medioambiente y que se empleen menos recursos.

- El compromiso con la sostenibilidad económica, social y ambiental pone su mirada en la Agenda 2030 un plan de acción que vela por las personas, el planeta y la prosperidad.

Las empresas han de aprender a proteger los ecosistemas, la calidad del aire, atender al cambio climático... centrándose en las causas que generan tensión en el medio ambiente para garantizar un desarrollo sostenible. La sostenibilidad ambiental en una empresa puede aplicarse por medio de diferentes prácticas:

- A través de la implantación de un sistema de gestión medioambiental bajo la Norma ISO 14001

- A través de los informes de sostenibilidad que se pueden publicar, recogiendo las prácticas ambientales desarrolladas y el desempeño ambiental.

- Reduciendo emisiones de gases de efecto invernadero.

- Utilizando energías renovables: como puede ser la energía solar o la energía eólica Implementando prácticas de eficiencia energética, utilizando luces LED, cuidando la climatización de las salas.

Al implementar el sistema ISO 14001, las organizaciones se comprometen a cumplir con los requisitos legales y reglamentarios aplicables relacionados con el medio ambiente, así como, establecer y revisar objetivos y metas ambientales.

- ISO 14001 promueve la sostenibilidad ambiental al proporcionar un marco estructurado y sistemático para la gestión de los aspectos ambientales.

- Ayuda a las organizaciones a identificar y minimizar su impacto ambiental negativo, a prevenir la contaminación, a utilizar los recursos de manera eficiente y a promover prácticas empresariales sostenibles

- Además, fomenta la participación de los empleados y la comunicación con las partes interesadas relevantes, promoviendo así la conciencia y la responsabilidad ambiental en toda la organización.

- También deben llevar a cabo actividades de monitoreo y medición para evaluar su desempeño ambiental y realizar acciones de mejora continua.

- La norma ISO 14001 "Sistema de gestión medioambiental" proporciona un marco de trabajo para que las organizaciones identifiquen, evalúen y gestionen los aspectos ambientales significativos asociados con sus actividades, productos y servicios.

Esto incluye aspectos como la gestión de residuos, el consumo de recursos naturales, la contaminación del aire y el agua, la gestión de energía y las emisiones de gases de efecto invernadero.

XV.- Metodología

El artículo se desarrolló a través de la revisión bibliográfica de varios documentos relacionados, con la Temática, Circularidad economica: un freno a la pérdida de la biodiversidad y ser sostenibles ambiental y empresarialmente, tales como, Economia circular y sostenibilidad de Espaliat Canu (2017), el imperativo de la naturaleza de Fundación Ellen MacArthur (2021),de los cuales la autora utilizó interesantes temas para incorporarlos en sus trabajo, tales como: a) Regenerar la naturaleza significa transformar la economía, b) La economía circular y su marco de soluciones para cumplir con los nuevos objetivos mundiales de biodiversidad, c) Pérdida de Biodiversidad: Impactos y factores impulsores, d) Los cinco objetivos de la biodiversidad según el contexto local, e) Producción regenerativa como enfoque de gestión para los agros ecosistemas, f) Promoviendo la optimización de recursos a través de la economía circular, g)Ventajas ambientales de la economia circular, h) Ventajas de la Economía Circular, i) Catalizadores de la Circularidad, j) Economia circular en America latina y el caribe: oportunidad para una recuperación transformadora, k) Responsabilidad Social Corporativa, y otros documentos que fueron utilizados para contrastarlos con los hallazgos de los temas en los capítulos, entre ellos se tiene:1) Economia circular desde los modelos de negocios y la responsabilidad social empresarial (2020), 2) La sostenibilidad, acciones relacionadas con responsabilidad social corporativa y economia circular (2020), 3) Promoviendo la optimización de recursos a través de la economia circular (2021), 4) Economia circular hacia un modelo más sostenible en las empresas (2024), así como, otros documentos obtenidos de la red.

En vista de ello, el análisis de los documentos dará respuestas a la pregunta orientadora ¿Considera que las herramientas y los principios de la circularidad de los recursos así como, el empleo, la resiliencia, la reducción de residuos y contaminación, para regenerar la naturaleza y lograr sostenibilidad ambiental y empresarial, generando de su análisis y contraste resultados que serán presentados en forma resumida en los hallazgos. Igualmente serán presentadas las, conclusiones, la reflexión del autor y las referencias

XVI.-Hallazgos

Para la autora del trabajo, al contrastar los artículos revisados con la realidad de la actividad económica que se maneja se percibe en algunos casos ausencia de elementos que no le permiten alcanzar la calidad del proceso productivo, esto es debido a que la innovación es clave para acelerar la transición hacia la economía circular, aunque hay nuevas empresas con economia circular en el mercado, las cuales diseñan y desarrollan soluciones innovadoras para eliminar residuos y la contaminación, a través de la circularidad de productos y materiales con el fin de regenerar la naturaleza, en vista de esto es *necesario* diseñar un futuro circular a través de una innovación radical para repensar cuál será la mejor forma que funcionará nuestra economía .

- En relación al artículo: **Regenerar la naturaleza para transformar la economía señala que el sistema económico lineal actual**,

1) impone una enorme carga sobre la naturaleza: la extracción y el procesamiento de recursos naturales lo cual representa más del 90% de la pérdida de biodiversidad y del estrés hídrico.

a) Esas presiones se han atribuido a las cadenas de valor: alimentación, medio ambiente construido, energía y moda, por ende se necesita

b) un cambio en los patrones de producción y consumo para detener y revertir la pérdida de biodiversidad.

c) hacer frente a la pérdida de biodiversidad, la conservación y restauración de la naturaleza por sí sola no es suficiente.

d) Abordar los impulsores individuales de la pérdida de biodiversidad de forma aislada tampoco bastará.

e) Para detener y revertir la pérdida de biodiversidad, se requiere un cambio transformador en nuestros sistemas de producción y consumo, a través de los cinco principales impulsores directos de la pérdida de biodiversidad, identificados por la IPBES:

1) proporcionando recursos a la economía y ocupándose de los cambios en el uso de la tierra y el mar

2) Gestionando recursos renovables y encargándose de la explotación directa de organismos y recursos naturales.

3) Reduciendo las emisiones de gases de efecto invernadero en toda la economia para enfrentar el cambio climático

4) Eliminando la contaminación en cada etapa del ciclo de vida de un producto para hacer frente a la contaminación

5) Eliminando los residuos con especies exóticas invasoras en nuevos ecosistemas enfrentándose a otras especies invasoras

6) La economía circular puede ayudar a satisfacer la demanda de bienes y servicios de la sociedad con menos recursos vírgenes, reduciendo los impactos negativos sobre la biodiversidad, a través de la extracción y el procesamiento.

7) Bucles de mayor valor requieren un menor reprocesamiento de productos y materiales.

 8) Los bucles de menor valor, como la reutilización y el reciclaje, son atractivos cuando no se requiere una recirculación.

9) se requiere innovar con nuevos modelos de negocio, rediseñar productos para múltiples ciclos de uso y desarrollar infraestructura que permitan su circulación. para hacerlo realidad

10) Para las empresas, las prácticas circulares pueden impulsar la competitividad al generar nuevas fuentes de ingresos a través de nuevos modelos de negocio,

reduciendo los costos de materiales, estimulando la innovación y reduciendo los riesgos asociados a la interrupción de la cadena de suministro y la volatilidad de los precios de los recursos.

11) Para los formuladores de políticas, un cambio de la sociedad hacia la economía circular representa un marco para el desarrollo económico que ayuda alcanzar los objetivos sobre biodiversidad, cambio climático, mejoras en la salud, el bienestar humano y la creación de empleo.

12) En el sector público, la economia circular se integra cada vez más en las estrategias de crecimiento y los esfuerzos para hacer frente a problemas globales como el Pacto Verde de la UE, el Programa de Estimulo Verde Africano y las Contribuciones Determinadas a Nivel Nacional de los países en virtud de la Convención Marco de las Naciones Unidas sobre el Cambio Climático.

13) En las finanzas, la circularidad es cada vez más, una parte esencial de la solución para cumplir los objetivos climáticos, de biodiversidad, Ambientales, Sociales y de Gobernanza (ESG), para gestionar los riesgos.

14) Analisis de la Fundacion Ellen MacArthur. Universidad Bocconi, e Intesa Sanpaolo, están cada vez más impulsados en sus patrones de consumo por su creciente conciencia en relación a los problemas ambientales y sociales.

15) La digitalización, la automatización, la inteligencia artificial y otras innovaciones abren nuevas oportunidades de la circularidad, como las plataformas de reventa y uso compartido habilitadas digitalmente, y la producción descentralizada mediante la impresión 3D.

- **Con respecto al marco de soluciones de las economia circular para frenar pérdida de biodiversidad.**

1) los formuladores de políticas desempeñan un papel crucial para impulsar la transformación a nivel nacional e internacional y aprovechar la oportunidad de vincular las discusiones internacionales sobre la implementación de un Marco

Mundial de la Biodiversidad que busque transformar los modelos lineales de consumo y producción.

2) Existen oportunidades para la economía circular en todos los sectores, para construir una recuperación económica resiliente, cero neta y positiva para la naturaleza. Integrando los objetivos de biodiversidad en los programas de recuperación de los gobiernos nacionales e instituciones financieras internacionales.

3) Es importante que los gobiernos y las empresas acuerden la mejor forma de valorar la naturaleza en los sistemas de contabilidad financiera y económica, reconociendo el costo de la inacción en la toma de decisiones politicas y corporativas.

4) La compleja tarea de detener y revertir la pérdida de biodiversidad requiere la colaboracion de todos los gobiernos, inversores, industria, el mundo académico y la sociedad civil, para aprovechar los Objetivos Políticos para la circularidad Universal como un enfoque sistémico, de los cinco objetivos universales de politicas diseñados

- **Pérdida de biodiversidad impactos y factores impulsores con respecto a ello se puede señalar algunos elementos que llaman la atención**

1) La pérdida de biodiversidad es uno de los mayores riesgos para la humanidad debido a que los ecosistemas están en riesgo y más de la mitad del PIB mundial está potencialmente amenazado por la pérdida de la naturaleza.

2) La pérdida de polinizadores (del que depende el 75 % de los cultivos alimentarios) amenaza la producción mundial de alimentos.

3) La salud humana también está en riesgo, ya que más de la mitad de la población mundial depende principalmente de medicamentos naturales y alrededor del 70 % de los medicamentos utilizados se derivan de Productos naturales o inspirados en la naturaleza.

- **Con respecto a Los cinco objetivos de la biodiversidad según el contexto local, se puede señalar los siguiente hallazgos:**

1) Los gobiernos pueden eliminar o reutilizar los Incentivos financieros y los subsidios dañinos para la biodiversidad, estableciendo nuevos estandares y Métodos de contabilidad económica que integran capital natural, social y humano

2) Las prácticas de diseño circular pueden informar si los bienes y coproductos retornan a los sistemas naturales, en función de su capacidad para apoyar la regeneración de los sistemas naturales.

3) Los formuladores de politicas pueden apoyar el desarrollo de sistemas de gestión de recursos que estimulen los enfoques de producción regenerativa en la agricultura y la silvicultura; diversificar ingredientes y materias primas; valorizar los productos de residuo; incentivar la circulación de material; eliminar el uso ineficiente; y minimizar la generación de residuos.

4) La promocion de la circularidad incluiria la reutilización, el intercambio, la reparación y la remanufactura de productos, asi como, el desarrollo de mercados para coproductos y materias primas secundarias.

5) Los gobiernos pueden invertir y movilizar Inversiones privadas en áreas que pueden permitir que la circularidad se amplie y, apoye la biodiversidad y desarrollando taxonomías financieras sostenibles, como ha hecho la EU, permitiendo que las instituciones financieras públicas, privadas y las empresas identifiquen y apoyen actividades económicas, que contribuyan a la proteccion y restauración de la biodiversidad y los ecosistemas sean integrarlos en la toma de decisiones y estrategias financieras

6) Un enfoque de economia circular debe fomentar la colaboracion público privada receptiva en todas las cadenas de valor para eliminar barreras, desarrollar nuevas politicas y alinear las existentes.

- **En relación a la Producción regenerativa como enfoque de gestión para los agros ecosistemas se señalan los siguientes hallazgos:**

1) La produccion regenerativa es un enfoque para la gestión de los agros ecosistemas que proporcionan alimentos y materiales, a través de la agricultura, la acuicultura o la silvicultura, de forma que generan resultados positivos para la naturaleza, en conjunto, ayudando a regenerar ecosistemas degradados y desarrollando resiliencia en las granjas y en los paisajes circundantes.

Los agricultores pueden recurrir a escuelas como la agricultura regenerativa, la acuicultura restaurativa, la agroecologia, la agroforesteria y la agricultura de conservación, para obtener ayuda para aplicar las prácticas más apropiadas que proporcionen resultados regenerativos en los agros ecosistemas.

2) Las granjas oceanicas regenerativas de GreenWave pueden convertir zonas áridas del oceano en arrecifes prósperos, atrayendo biodiversidad y reconstruyendo ecosistemas costeros degradados. Las granjas pueden proporcionar protección contra marejadas ciclónicas para las comunidades costeras y no requieren insumos, como agua dulce, fertilizantes, tierra o alimento.

3) Rizoma Agro (Brasil) Rizoma Agro es un productor, investigador y desarrollador de tecnologia brasileña para la agricultura organica regenerativa. En sus 1100 hectáreas, se basa en escuelas de pensamiento como la agroforesteria y el silvopastoreo intensivo, y utiliza prácticas como la rotación de cultivos y el manejo integrado de cultivos y ganado para producir una amplia gama de productos que incluyen maíz, soja, avena, frijoles, citricos y ganado. .

3) Los enfoques de produccion regenerativa de Rizoma Agro han permitido a sus granjas duplicar Aproximadamente su capacidad de retencion de agua y secuestrar hasta 41 toneladas de carbono por hectarea cada año.

- **En Promoviendo la optimización de recursos a través de la economía circular se encontró lo siguiente**:

1) la empresa Repsol tecnology ha generado una estrategia que traspasa fronteras, dado que aplican la economía circular en todos los negocios y países donde operan, junto con proveedores y clientes, desde la obtención de materias primas

hasta la comercialización de los productos y servicios reforzando la estrategia de sostenibilidad y el compromiso de alcanzar cero emisiones netas en 2050, Su modelo de circularidad   se fundamenta en cuatro ejes: ecodiseño, eficiencia e innovación de procesos,   materias primas alternativas, nuevos patrones de consumo con tres palancas: Repsol, Technology Lab, alianzas y digitalización

2) reduciendo el uso de materias primas a favor de los productos reutilizados y produciendo menor cantidad de desechos.

3) Gesecol gestiona residuos no convencionales que proceden de aparatos eléctricos, baterías usadas, para reincorporarlos a la cadena productiva, mediante una tecnología innovadora y las normativas que rigen esta actividad, consiguiendo logros en su misión de cuidar el medio ambiente, su labor se completa con asesoría medioambiental a otras empresas para ayudarlas a funcionar respetuosamente con el planeta y busca convertirse en el motor de un nuevo modelo medioambiental, económico y social que mejore el mundo.

- **En las Ventajas ambientales de la economia circular se presenta sus hallazgos**

1) Los beneficios y ventajas de la economía circular son susceptibles de manifestarse en cualquier área productiva o sector de actividad que la adopte, estos beneficios son extensivos directa o indirecta, al medio ambiente: esta realidad es lógica, porque el objetivo final es la optimización del uso de la energía y de los recursos naturales para asegurar la sostenibilidad, y beneficios económicos para las empresas y ciudadanos, reduciendo externalidades ambientales negativas, como: gases de efecto invernadero, contaminación y congestión, para favorecer condiciones de higiene y salud.

2) Las herramientas reciclaje de residuos y subproductos, reutilización, optimización de los recursos hídricos y desarrollo de fuentes de energía renovables, favorecen la reducción de las emisiones de gases de efecto invernadero, causantes

del cambio climático y sus efectos colaterales, como los desastres naturales, sequías, inundaciones e incendios forestales.

3) frenar los efectos del cambio climático impacta en la preservación de la integridad y belleza de los parajes naturales y lugares de esparcimiento, en la protección de la biodiversidad, y en la estabilización de los ciclos ecológicos. Promoviendo un medio ambiente sano que garantiza el éxito y la prosperidad del turismo en países y regiones para los cuales constituye una fuente de ingresos económicos, y de progreso.

4) Un medio urbano sano y equilibrado es un componente crucial del medio ambiente que interactúa con el resto de elementos del ecosistema global. Las empresas, y el mundo de la economía en general, requieren alcanzar y consolidar beneficios ambientales a través de   la acción coordinada y solidaria de todos los actores comprometidos y responsables y un liderazgo fuerte, y sostenido, oriente hacia la producción "cero residuos" y la disminución de la "huella hídrica" y de la "huella de carbono".

5) el ciudadano, la industria y los responsables empresariales, gubernamentales, centros tecnológicos, universidades, organizaciones sin ánimo de lucro y no gubernamentales (ONG), hasta los estamentos internacionales, deben crear las condiciones para el proceso de implantación y desarrollo de la circularidad.

6) La Prevención de riesgos y gestión de recursos, herramienta que ha demostrado su validez en el ámbito de la seguridad y de la salud laboral; pero con sentido global de la sostenibilidad y la gestión de recursos sus principios deben ser aplicados de modo transversal a todos los aspectos que permitan garantizar la estabilidad del planeta y la calidad de vida de sus habitantes.

7) las emisiones de dióxido de carbono se podrían reducir a la mitad por la circularidad, lo que significaría una reducción del 48% de las emisiones de dióxido de carbono relacionadas con la movilidad, los sistemas de alimentación y el entorno construido, pero que podría elevarse por encima del 80% para el año 2050.

8) El consumo de materias primas podría reducirse por la optimización en el uso de materiales y demás recursos en el sector industrial y en la construcción empleando fertilizantes sintéticos, pesticidas y reduciendo el consumo de combustibles fósiles y electricidad no renovables.

9) Aplicando los principios de la circularidad se puede incrementar la productividad del suelo, reducir los residuos en la cadena de valor de la alimentación, y recuperar el valor de la tierra y del suelo como activos, devolviendo los nutrientes por acción de mecanismos naturales y resilientes de los ciclos ecológicos y los procesos de compostaje o de digestión anaeróbica.

10) la economía circular es, "restauradora" y "regenerativa", propicia que materias primas, productos y servicios mantengan su valor y su utilidad de modo permanente, desde la fase de diseño de productos y servicios, hasta el final de su ciclo de vida útil. Conciliando los ciclos técnicos con los principios de equilibrio y resiliencia y aplicando el principio de la prevención y de la sostenibilidad en materia ambiental, para garantizar el modelo de desempeño que requiere la era de la globalización.

- En relación con las Ventajas de la Economía Circular se encontró:

1) Eliminando residuos de la cadena industrial mediante la reutilización de los materiales, permite a las empresas reducir los costes de producción y la dependencia de los recursos primarios, permitiéndoles desarrollar innovación y generar puestos de trabajo, mejorando la productividad y la competitividad, para garantizar la estabilidad de la economía a largo plazo

Las empresas pueden reducir el coste de los insumos y, en algunos casos, generar flujos de beneficios nuevos, si funcionan de acuerdo con esquemas circulares. La adopción de enfoques de economía circular en relación con la fabricación de productos complejos de duración media y de bienes de consumo de alta rotación, puede contribuir a generar ventajas.

2) la economía circular puede reducir la interrupción de las cadenas de suministro por culpa de desastres naturales o desequilibrios geopolíticos, ya que la

descentralización de los proveedores ofrece la posibilidad de contar con fuentes alternativas de recursos productivos

3) el desmontaje, el reacondicionamiento de productos, la reintegración en el proceso de fabricación, y el poner los artículos al alcance de los usuarios, requieren de competencias especializadas y del conocimiento de los procesos; y de la aplicación de economías de escala entre fabricantes cuyas actividades son complementarias, generando sinergias y oportunidades de negocio para las empresas que comparten recursos dentro del circuito productivo.

4) Las soluciones circulares ofrecen a las empresas formas para interactuar con los creativamente con clientes. Modelos de negocio, como el contrato de arrendamiento ("leasing", "Renting") establecen una relación a largo plazo entre la empresa y sus clientes, ya que el número de contactos entre ellos se incrementa a lo largo de toda la vida útil del producto o del servicio.

- **Con respecto a los Catalizadores de la Circularidad, se encontró lo siguiente**:

1) Las empresas deben contar con el apoyo de los factores de impulso para ayudar en la transición hacia la economía circular para desarrollar modelos económicamente viables para invertir en un cambio de carácter complejo y disruptivo. Requiriendo mecanismos de financiación, formas de incluir el valor residual de los productos y un nuevo marco para analizar el riesgo de las inversiones, el gasto en inmovilizado y en I+D., y la aplicación de incentivos que fomenten la producción "verde", el uso de tecnologías innovadoras y sostenibles.

2) Contar con un marco normativo estable es un aspecto fundamental para los inversores, y puede ser especialmente alentador si los gobiernos demuestran la intención de impulsar la transición hacia la economía circular. Las administraciones pueden generar valiosos estímulos al cubrir algunos de los riesgos asociados con la adopción de modelos empresariales innovadores.

3) Colaboración eficaz entre cadenas de producción y sectores según esquemas de alianzas estratégicas o simbiosis industrial, es imprescindible para el establecimiento a gran escala de un sistema circular. El desarrollo conjunto de productos y sistemas de recogida y selección de residuos y subproductos, la transparencia, los estándares sectoriales, la armonización de incentivos y los mecanismos de intermediación, deben ponerse en marcha junto con el establecimiento de plataformas colaborativas entre las partes implicadas.

4) Complementar los datos basados en el flujo del PIB con la medida de las reservas de activos de cada nación o territorio, son fundamentales para enfocar la economía circular. El desarrollo de planes a largo plazo para reequilibrar el coste de los diferentes factores productivos y evaluar los factores externos clave, son instrumentos que deben poner en marcha los estamentos responsables para desarrollar un nuevo marco económico que contribuya a consolidar el proceso de transición hacia la circularidad.

5) Estrategias, Sistemas y Herramientas de las Tecnologías alineadas con los principios de la economía circular y de la Sostenibilidad, pueden contribuir al diseño de modelos de producción industrial organizados. Así como, actuaciones en materia de reciclaje, reutilización de residuos valorizables, ciclo inverso y refabricación.

6) en relación con los recursos hídricos, alimentarios y energéticos es necesario promover la distribución más justa y equitativa a nivel planetario, sobre todo cuando el mundo se mueve de acuerdo a un proceso de globalización. No es fácil la solución que refuerza la necesidad de promover nuevos hábitos de comportamiento y consumo en la sociedad civil.

7) La creciente complejidad del ámbito socioeconómico, la globalización, la interdependencia de los sistemas y sus impactos sociales, refuerzan la idea y la necesidad de asegurar el desarrollo sostenible como respuesta a este desafío. Con adecuadas estrategias de información, comunicación y formación, se debe mejorar el conocimiento del consumidor respecto de los residuos.

- **Con respecto a Estímulos, Retos y Condicionantes de la Economia Circular se encontró lo siguiente**

1) El desarrollo de la economía circular implica la adaptación a nuevos modelos de trabajo y hábitos de comportamiento de carácter disruptivo. La velocidad con que evoluciona la tecnología pone al servicio de toda información innovadora y vanguardista, que debe ser asimilado y procesado, para poner en práctica estrategias circulares con el máximo de eficiencia, y lograr la óptima eficacia en resultados.

2) el cambio a una economía verde implica reestructuración económica y cambios en los modelos de comportamiento, para adoptar medidas que asegurará una transición justa para los ciudadanos, y los trabajadores que puedan verse afectados por los cambios tecnológicos que el caso implica.

3) prestar apoyo para facilitar el cambio hacia nuevos puestos de trabajo, y capacitar a los trabajadores para que se adapten a los nuevos métodos, procedimientos y herramientas que necesitarán teniendo en cuenta tendrán que coexistir con tres generaciones, "seniors", "juniors" y "milenials".

4) en relación con la distribución del poder, el peso de la cultura y la pérdida de valor de la experiencia con las nuevas tecnologías, proceso de globalización, fenómenos migratorios y aumento de la población refuerzan la necesidad de plantear la formación enfocándola con criterios intergeneracionales e interculturales.

5) los nuevos paradigmas técnicos y económicos para crear la base de competencias que impulse la implantación de la economía circular, será posible con trabajadores cuyos perfiles destaquen no solo en conocimientos, capacidad analítica, espíritu innovador y visión global, asumiendo el requisito de trabajar en equipo y de adaptarse a cambios disruptivos.

6) los gobiernos y entidades pertinentes deben promover la integración de la economía circular, el pensamiento sistemático y la sostenibilidad en los planes de estudio de los centros educativos y de formación profesional, y adoptar esta

estrategia para promover la sensibilización y asegurar el compromiso de la sociedad civil en general, y de los ciudadanos en especial, con los principios de la circularidad.

7) las organizaciones intergubernamentales, instituciones y entidades financieras internacionales, organizaciones sin fines de lucro, sector privado y la comunidad internacional en su totalidad, han de ejercer un papel fundamental en la provisión de asistencia técnica y financiera a los países en desarrollo.

8) la cooperación sur-sur puede promover el intercambio de información, de conocimientos y de tecnología a un coste reducido, porque el intercambio formal e informal de experiencias y de lecciones aprendidas constituye una herramienta de gran valor para la puesta en práctica de capacidades

9) Los cambios sustanciales en los regímenes fiscales, así como la evaluación objetiva de los beneficios de la circularidad, pueden igualmente contribuir a la transición desahogada hacia la economía circular. Los incentivos fiscales y económicos deben trasladarse hacia la mano de obra y la tecnología, y equilibrarse con la evaluación y el diagnóstico objetivo de las reservas de recursos de países, regiones y territorios.

10) La colaboración transversal y eficaz entre cadenas de valor y entre sectores es imprescindible para el establecimiento del sistema circular a través de plataformas colaborativas entre distintos sectores productivos, empresas e instituciones gubernamentales.

11) la "Simbiosis Industrial", aplicable en regiones, comarcas o áreas industriales, genera sinergias productivas y beneficios económicos. Los entes locales y regionales deben mejorar la eficiencia en el uso de los recursos, promover la reducción del desperdicio, estimular el reciclado, la reutilización y la recuperación.

- **Transición hacia un modelo de producción y consumo circular**

1) Los principales problemas que afectan el medio ambiente y limitan las posibilidades de un desarrollo sostenible tienen que ver con: a) la demanda de recursos naturales para mantener el estilo de vida actual de la población mundial y

b) la capacidad del planeta para asimilar los desechos que esta demanda genera.

2) el sendero actual de desarrollo ha puesto en riesgo la sobrevivencia del sistema ecológico que lo sustenta, colocando los actuales patrones de producción y consumo en el centro de los cuestionamientos.

3) Los cambios obligan a la sinergia de políticas y normativas en torno al desarrollo sostenible y a un nuevo paradigma cultural con una política industrial que promueva la creación de nuevas capacidades y el desarrollo de conocimientos locales a largo plazo (Compagnon, 20) siendo más estrictos en el cumplimiento de los estándares ambientales, para generar cambios necesarios para enfrentar las crisis actuales.

4) En América Latina y el Caribe, la economía circular ofrece una oportunidad de desarrollo, para la creación de actividades económicas vinculadas con la provisión de bienes y servicios ambientales, y   la transformación de las actividades económicas existentes para aumentar su eficiencia (Cepal 2020) conectándose con los Objetivos de Desarrollo Sostenible (ODS) y cambiando los patrones de producción y consumo para su sostenibilidad.

5) lograr la gestión ecológlcamente racional de los productos químicos y todos los desechos a lo largo de su ciclo de vida de conformidad con los marcos internacionales convenidos, para reducir su liberación a la atmósfera, el agua y el suelo a fin de minimizar sus efectos en la salud y el medio ambiente

6) se recomienda que los países integren o apliquen conceptos como la economía circular y la Industria 4.0 con el fin de lograr una actividad industrial con sistemas de fabricación más sostenibles, de conformidad con los planes y prioridades nacionales (Naciones Unidas, 2019).

- **Responsabilidad Social Corporativa**

1) La (R.S.C.) es clave para para alcanzar el desarrollo sostenible sobre la base de nuevos paradigmas, enfocándose en los ámbitos económico, empresarial,

social, cultural y ambiental, para mejorar el desarrollo y defender la dignidad de las personas y de la sociedad.

2) En un escenario de rápida transformación, se debe poner en marcha dentro de un proyecto innovador la creación de empresa socialmente responsable, economicamente viable y sostenible en el tiempo.

3) La gestión de los recursos, debe hacerse procurando que éstos sean integrados dentro de un circuito de retroalimentación que permita su optimización promoviendo su permanencia en el ciclo económico durante el mayor tiempo posible.

4) la contaminación en todos los niveles, la saturación de vertederos incontrolados, el derroche de recursos, naturales y renovables, aumenta la presión sobre los recursos finitos escasos que tienen el riesgo de producir su agotamiento irreversible.

5) Cada núcleo de actividad debe relacionarse con su entorno para   satisfacer sus propias necesidades y expectativas, y compartir valor añadido en   las relaciones de colaboración transversal.

6) la economía circular requiere como modelo de comportamiento socioeconómico, iniciativas de promoción, difusión, Información y formación, a nivel de ciudadanos, empresas, organizaciones, estamentos   públicos y privados, y   estrategias para incentivar la reducción, el reaprovechamiento de residuos, los cambios organizativos en las empresas, y los hábitos de consumo de los ciudadanos.

7) Las empresas tienen que ofrecen productos y servicios sostenibles, y los consumidores deben exigir y elegir las opciones "verdes", y dejar de malgastar por acciones propagandísticas que   invitan a la "compra compulsiva", sin asegurar la sostenibilidad integral del sistema.

8) La innovación empresarial implica unir esfuerzos entre todos los actores comprometidos en la implantación y desarrollo de estrategias conducentes a

la circularidad, que requiere el sector en el cual se sitúa su actividad, respetando los parámetros que desempeñan un papel destacado en sostenibilidad, con un enfoque holístico con el resto del sistema.

9) el uso de energías renovables resulta más eficaz con otras orientadas a mejorar la eficiencia energética entre sectores clave, como la construcción el transporte y la industria

10) Con esquemas de colaboración innovadora los   "socios globales", de ámbitos locales, regionales, estatales y mundiales, aprovechan los beneficios económicos, ambientales y sociales de los nuevos modelos conceptuales de trabajo, haciéndolos extensivos de modo responsable, recíproco y solidario al resto de los agentes involucrados

11) la adopción de estilos de "gobernanza" o de "management" permiten que las iniciativas y las acciones para alcanzar los objetivos de estabilidad económica y sostenibilidad integral implícitos en la circularidad. actúen con agilidad, para que los ciudadanos, las empresas, las administraciones y los gobiernos asuman comportamientos por la evolución de las circunstancias. La sociedad no puede prosperar sobre la base de aceptar como inamovibles las situaciones que deslumbran mientras las cosas van bien, sin tomar conciencia que dicha actitud tiene fecha de caducidad y conduce irremediablemente al caos.

12) indicadores que permitan evaluar los avances y resultados en términos de eficiencia y de eficacia en el uso de los recursos, por su carácter multisectorial y pluridisciplinar para valorar, se adopta enfoques y fuentes de información, que dificulta la comparación de resultados, fragmentándose por diferentes disciplinas, genera desigualdades en el cálculo de los impactos, lo cual dificulta la comparación de resultados de fuentes dispersas, por la poca información de los efectos indirectos de la economía, la cadena de valor, y los cambios de conducta de los consumidores,

13) Para lograr que dichos indicadores constituyan una herramienta de evaluación eficaz, deben aportar información objetiva que permita "medir" los avances durante su implantación, y facilitar datos estadísticos para el adecuado seguimiento, la toma de decisiones y el control del proceso

14) El análisis comparativo debe centrarse de modo dinámico, enfocándolo a aquellos aspectos más susceptibles de generar ventajas a corto plazo, como es el caso de la gestión de los recursos naturales, del agua, de la energía, de los residuos y de los subproductos.

15) las empresas con los principios circulares podrán comprobar el valor de sus productos y servicios, medir el impacto ambiental de sus procesos, aumentar su eficiencia en el uso de recursos, y orientar sus decisiones y estrategias en materia de sostenibilidad

16) Las empresas que miden indicadores generales de "uso", necesitan en el contexto circular cambiar dichos procedimientos por sistemas de medición de "valor" y de "impacto" de sus productos y actividades.

17). La medición de las mejoras y la optimización productiva no constituye un elemento válido para extraer conclusiones sobre eficiencia o eficacia. Por ello, es válido la observación de casos de éxito que han demostrado su eficacia en sectores diversos de actividad empresarial.

18) la comparación con negocios similares, algunas empresas pueden disponer de información válida y extrapolable a su propia actividad a la hora de valorar los beneficios de su propia estrategia circular, basándose en las experiencias de organizaciones que han asumido el desafío de la circularidad, y que han conseguido avances sustanciales en la evaluación y confirmación de las ventajas de esta práctica

19) La Responsabilidad Social Corporativa y la Sostenibilidad juegan un papel en la transformación hacia el modelo circular, de las empresas que buscan innovar, con *el* consumo y la producción sostenibles buscan desvincular el

crecimiento económico de la degradación medioambiental, gestionando sus impactos sociales, ambientales y éticos en sus operaciones, centrándose en contribuir positivamente a la sociedad y al medio ambiente en el que operan.

- **Sostenibilidad ambiental y empresarial**

a) La sostenibilidad capacidad de mantener el equilibrio y la armonía entre el entorno natural y las actividades humanas a largo plazo y

b) es la tasa de aprovechamiento de los recursos renovables, abordando la biodiversidad, protección de los recursos naturales, reducción de la contaminación, uso eficiente de materiales, y prácticas responsables del ambiente.

c) promover la conservación de los ecosistemas y la diversidad biológica, fomentando la gestión sostenible de los recursos naturales

d) adoptar tecnologías limpias y promover la eficiencia energética, reducir la generación de residuos y promover el reciclaje y la reutilización.

e) también educar y concienciar sobre la importancia de la protección del medio ambiente. Y del entorno natural,

f) promover prácticas sostenibles, creando comunidades más saludables y resilientes, preservando la calidad del aire, el agua y los recursos naturales,

g) mitigar el cambio climático y garantizar un entorno propicio para el desarrollo sostenible a largo plazo.

- Ventajas de poner en marcha medidas de sostenibilidad ambiental en una empresa

a) Acabar con la contaminación de las áreas verdes y la contaminación atmosférica, lograr conservar el medio ambiente y cuidar de la salud.

b) El uso de tecnologías limpias y renovables es crucial para conseguir la sostenibilidad ambiental al igual que un consumo responsable de la energía.

c) Fomentar el reciclaje de los residuos_e impulsar el ecodiseño es una de las estrategias de desarrollo sostenible.

d) Las empresas con medidas de sostenibilidad ambiental generan imagen de marca potenciando su prestigio

e) Aplicando la normativa las organizaciones pueden evitar ser multadas y también sancionadas por normas medioambientales vigentes

f) Las acciones de desarrollo sostenible hace que se promueva la utilización de productos con un impacto menor en el medioambiente y que se empleen menos recursos

g) la sostenibilidad ambiental a una empresa a traves de diferentes practicas

La sostenibilidad ambiental en una empresa puede aplicarse por medio de diferentes prácticas:

a) a través de la implantación de un sistema de gestión medioambiental bajo la Norma ISO 14001

b) A través de los informes de sostenibilidad   desarrolladas y el desempeño ambiental.

c) Reduciendo emisiones de gases de efecto invernadero.

d) Utilizando energías renovables: como puede ser la energía solar o la energía eólica

e) Implementando prácticas de eficiencia energética, utilizando luces LED, cuidando la climatización de las salas,

f) ISO 14001 promueve la sostenibilidad ambiental al proporcionar un marco estructurado y sistemático para la gestión de los aspectos ambientales.

g) Ayuda a las organizaciones a identificar y minimizar su impacto ambiental negativo, a prevenir la contaminación, a utilizar los recursos de manera eficiente y a promover prácticas empresariales sostenibles

h) fomenta la participación de los empleados y la comunicación con las partes interesadas relevantes, promoviendo así la conciencia y la responsabilidad ambiental en toda la organización

i) llevar a cabo actividades de monitoreo y medición para evaluar su desempeño ambiental y realizar acciones de mejora continua.

j) La norma ISO 14001ambiental, proporciona un marco de trabajo para que las organizaciones identifiquen, evalúen y gestionen los aspectos ambientales significativos asociados con sus actividades, productos y servicios.

- **Sostenibilidad empresarial**

a) La sostenibilidad empresarial permite a las empresas generar rentabilidad

b) financiera, creando valor social, ambiental y económico.

c) La sostenibilidad empresarial se basa en tres vectores: el medioambiente, la sociedad y la economía.

d) La sostenibilidad empresarial ayuda a las empresas a reducir el riesgo de infracciones normativas y multas

e) La sostenibilidad empresarial se aplica a los negocios para generar una rentabilidad financiera, crear valor ambiental, social y económico a medio y largo plazo, contribuyendo al progreso y bienestar de las comunidades donde operan y de las generaciones futuras.

Contrastando los hallazgos de las temáticas utilizadas en los capítulos con otros trabajos obtenidos en internet, se señalan los siguientes resultados

- Equilibra el desarrollo económico y social con el cuidado de la naturaleza, Gestionando los recursos naturales eficientemente para garantizarlo a las generaciones futuras

- Protege el equilibrio del planeta, limitando el impacto de la actividad humana, reemplazando los combustibles fósiles por fuentes de energía renovables, Fomentando la cultura del ahorro energético, Cuidando la flora y la fauna.

- La sostenibilidad ambiental persigue que las personas, empresas, instituciones y sociedades sean conscientes del impacto ambiental de sus actividades y consumos.

- La gestión empresarial se inclina hacia la operación industrial sostenible e incorpora a la Responsabilidad Social Empresarial y a los procesos tecnológicos como base para la aplicación de un modelo que permita la rentabilidad económica con producción ecoproductiva, disminuyendo el impacto ambiental y promoviendo acciones sociales.

- La economia circular representa una alternativa compleja para alcanzar resultados financieros factibles bajo producción limpia, amigable con el ambiente y bajo una gestión sostenida en sus procesos de producción.

- Los modelos sostenibles estarán en constante evolución junto a la gestión empresarial que garanticen la producción de productos con bajo impacto ambiental y acciones sociales.

- Las empresas hacen de la economía circular su bandera luchando contra el calentamiento global y el cambio climático, reduciendo la dependencia de las materias primas a favor de los productos reutilizados y produciendo menor cantidad de desechos.

- En un contexto de escasez y fluctuación de los costes de las materias primas, la economía circular contribuye a la seguridad del suministro y a la reindustrialización del territorio nacional. Los residuos de unos se convierten en recursos para otros.

- La economía circular consigue convertir los residuos en materias primas, este sistema es generador de empleo local y no deslocalizable.

- La economia circular descansa bajo el principio de la economía de la "funcionalidad": privilegiar el uso frente a la posesión, la venta de un servicio frente a un bien y reintroduciendo en el circuito económico aquellos productos que no corresponden a las necesidades iniciales de los consumidores

- La economía circular, apunta a minimizar los desechos y a promover un uso sostenible de los recursos naturales a través de diseños de productos más inteligentes, con vida útil prolongada, de mayor reciclaje, y la regeneración de la naturaleza.
- contrarrestando el problema de la contaminación, ella desempeña un papel vital para resolver otros desafíos de gran complejidad, como el cambio climático y la pérdida de biodiversidad.
- Las empresas, enfrentan muchas trabas para acceder a financiación que les permita lograr la transición de sistemas o modelos comerciales lineales a circulares.
- fomentar que las economías locales adopten enfoques holísticos y, en el proceso, promuevan la resiliencia, la reciprocidad y el respeto entre las personas y hacia el planeta a través de los esquemas de cooperación internacional y del diálogo político,
- los nuevos adoptantes de la economía circular pueden beneficiarse del intercambio de conocimientos y mejores prácticas, de las transferencias de tecnología y del apoyo financiero de los países pioneros.

CAP.XVIII.-Conclusiones

- conservar y utilizar sosteniblemente la biodiversidad es una forma de preservar la estabilidad de los ecosistemas de los cuales obtenemos los servicios esenciales para el desarrollo humano.
- Necesidad de un cambio transformador en nuestros patrones de producción y consumo para detener y Revertir la pérdida de biodiversidad.

- Transformar solo puede tener lugar en cambios sustanciales de las visiones del mundo, las normas, los valores y las estructuras de gobernanza
- la economia circular no genera residuos porque los productos, materiales y nutrientes se mantienen en uso y circulan en la economia o se devuelven al medio ambiente para apoyar la salud del ecosistema.
- Promover la eficacia de los sistemas detectando y eliminando del diseño los factores negativos externos
- Gestionar recursos renovables encargándose de la explotación directa de organismos y recursos naturales
- reducir los impactos negativos sobre la biodiversidad, que ayuda alcanzar sus objetivos, luchar contra el cambio climático, mejorar la salud, el bienestar humano y la creación de empleo.
- detener y revertir la pérdida de biodiversidad requiere la colaboracion de todos los gobiernos, inversores, industria, el mundo académico y la sociedad civil,
- innovar con nuevos modelos de negocio, rediseñando productos para múltiples ciclos de uso, con infraestructura que permitan su circulación para hacerlo realidad.
- impulsar la transformación a nivel nacional e internacional para aprovechar la oportunidad de vincular las discusiones sobre la implementación de un Marco Mundial de la Biodiversidad que busque transformar los modelos de consumo y producción.
- eliminar o reutilizar los Incentivos financieros y los subsidios dañinos para la biodiversidad, estableciendo nuevos estandares y métodos de contabilidad económica que integren capital natural, social y humano

- apoyar el desarrollo de sistemas de gestión de recursos que estimulen los enfoques de producción regenerativa en la agricultura y la silvicultura por parte de los formuladores de politicas

- El innovador modelo de Repsol utiliza materiales biodegradables, no invasiva y no contaminante, para que se reciclen respetuosamente con el medioambiente, y luchen   contra el calentamiento global y el cambio climático.

- Los enfoques de produccion regenerativa de Rizoma Agro permiten duplicar retener agua y secuestrar hasta 41 toneladas de carbono por hectarea cada año en sus granjas

- gestionar residuos que proceden de aparatos eléctricos, baterías usadas, para reincorporarlos a la cadena productiva, mediante tecnología innovadora.

- Los beneficios y ventajas de la circularidad economica pueden manifestarse en cualquier área productiva o sector de actividad que la adopte.

- reciclaje de residuos y subproductos, reutilización, optimización de recursos hídricos y fuentes de energía renovables, favorecen la reducción de las emisiones de gases de efecto invernadero, causantes del cambio climático y sus efectos colaterales

- los ciudadanos, la industria y los responsables empresariales, gubernamentales, centros tecnológicos, universidades, (ONG), y estamentos internacionales, deben crear las condiciones para el proceso de implantación y desarrollo de la circularidad.

- La adopción de enfoques de economía circular en relación con la fabricación de productos complejos de duración media y de bienes de consumo de alta rotación, puede contribuir a generar ventajas.

- Los cambios en los regímenes fiscales, así como la evaluación de los beneficios de la circularidad, pueden contribuir a la transición hacia la economía circular.

- Los incentivos fiscales y económicos deben trasladarse hacia la mano de obra y la tecnología, y equilibrarse con la evaluación y el diagnóstico objetivo de las reservas de recursos de países, regiones y territorios.

- Las soluciones circulares ofrecen a las empresas interactuar   creativamente con clientes. Modelos de negocio, como el contrato de arrendamiento ("leasing", "Renting") establecen una relación a largo plazo entre la empresa y sus clientes,

- Colaboración eficaz entre cadenas de producción y sectores según esquemas de alianzas estratégicas o simbiosis industrial, es imprescindible para el establecimiento a gran escala de un sistema circular

- La (R.S.C.) es clave para para alcanzar el desarrollo sostenible sobre la base de nuevos paradigmas, enfocándose en los ámbitos económico, empresarial, social, cultural y ambiental, para mejorar el desarrollo y defender la dignidad de las personas y de la sociedad

CAP.XVI.-Reflexión del autor

Para la autora la biodiversidad es un termómetro que mide la salud de la vida en la Tierra y constituye el sustento de la mayoría de las actividades humanas y la base de una gran variedad de bienes y servicios ambientales que contribuyen al bienestar social. De hecho, un medioambiente más rico y diverso es también más sostenible, pues proporciona vida y prosperidad a quienes lo habitamos: seres humanos, animales o plantas Asimismo, aporta servicios ecológicos relacionados con las funciones de los ecosistemas, como la regularización del clima, la fijación de CO_2, la recuperación de la fertilidad del suelo, la amortiguación de las inundaciones y la descomposición de residuos.

En vista de esto, un programa de economía circular debe crear un marco político que apoye el cambio hacia una economía eficiente en el uso de los recursos utilizados en la producción de los bienes y servicios con una baja emisión de carbono que ayude a optimizar los resultados económicos al tiempo que permite el usar adecuadamente los recursos para reducir al máximo sus desechos. Identificando y creando nuevas oportunidades de negocios para impulsar el crecimiento económico a través de la innovación y siendo competitivos en todas sus actividades, con el fin de garantizar y asegurar el suministro de sus bienes y servicios a sus clientes y consumidores.

Por otro lado, la economía circular busca preservar el ambiente, a través de su lucha contra el cambio climático, limitando los impactos medioambientales por el uso indiscriminado de los recursos y como concepto economico se interrelaciona con la sostenibilidad cuyo objetivo busca que el valor de los productos, los materiales y los recursos (agua, energía,…) se mantenga en la economía durante el mayor tiempo posible, reduciéndose al mínimo la generación de residuos. En ese orden, debe estar basada en el principio de cierre del ciclo de vida de los productos, servicios, residuos, materiales, agua y energía, con el fin de que esos bienes obtenidos puedan ser reciclados , con el fin de reducir la producción de residuos para que los bienes reciclados puedan aprovecharse para ser utilizados nuevamente como recursos. Por otra parte, una de las cuestiones más importantes a las que se enfrenta la sociedad es buscar solucionar y mejorar los problemas ambientales que los rodean. En vista de lo cual el diseño sostenible se ha convertido en un elemento prioritario para crear productos y servicios que tengan un impacto ambiental y social positivo que proteja los recursos naturales, para que sea un freno a la pérdida de la biodiversidad.

CAP.XIX.- Referencias

Abastos verde (2023) **la economia circular un medio para proteger la Sostenibilidad** https://medium.com

Aquaproyect (2013) **soluciones integrales al manejo del agua** Https://orientación.universia.net.com

Marco Global de Biodiversidad (2024), **Fondo para el marco de biodiversidad post-2020** Https://accionproambiental.com

CDB (2023), **Convenio sobre la Diversidad Biologica, Naciones Unidas** Https://www.un.org

Cepal (2020) **Economia circular en America latina y el caribe: oportunidad para una recuperación transformadora** https://www.cepal.org

DKV (2023) **Economia circular hacia un consumo sostenible y saludable** Https://dkv.es

Earth.org (2020), **Sixth mass extinction of wildlife accelerating study** Https://earth.org

Ecotex, biz (2024).Acciones de Sostenibilidad y Responsabilidad Social https://www.ecotex.biz

Mauricio Espaliat Canu (2017). **Economia circular y Sostenibilidad** Https://www.amazon.com

ESG (2021**), what are the ESG criteria why are they important** Https://www.bbva.com

European Parlament (2023) **Economia circular: definición, importancia y beneficios** https://www.europarl.europa.eu

European Parlament (2020) **Marco Financiero Plurianual (2021-2027** https://www.europarl.europa.eu

GACERE (2021) **Alianza Global sobre Economia Circular y Eficiencia de Recursos** Https://www.unep.org-gacere

Gesecol (2013) gestión de residuos ayudamos a las empresas Https://www..gesecol.com.co

IPBES (2020), **Global Biodiversity less can only be tackled through Trans formative Economic, social, Political, and technological changes**; https://www.ipbes.net

Ludus Global (2024) **Hacia un modelo más sostenible en las** empresas. https://www.ludusglobal.com

Ellen MacArthur Foundation (2021), **the Nature Imperative, How the circular economy tackles biodiversity loss** https://www.elenmacarthurfoundation.org

Ellen MacArthur Foundation (2016), **Fundación** Macarthur Https://www.ellenmacarthurfoundation.org

Meléndez y otros (2020), **Economia circular desde los modelos de negocios y la responsabilidad social empresarial** https:/orcid.org/0000-0001-8936-5513

ONU (2019), **recomienda aplicar en los países la economia circular según resolución https://unido.org**

ONU News (2021) **La economia circular: un modelo economico que lleva al crecimiento y al empleo sin comprometer el medio ambiente** https://news.un.org-story

Pacto mundial (2020), **sostenibilidad ambiental es clave para las empresas** https://www.pactomundial.org

Panel Internacional de Recursos (2019), **natural resources for the future we want** Https://www.resourcespanel.org

PBL (2020), **Agencia de Evaluation Ambiental de los Paises Bajos, Business for biodiversity: mobilising business towards net positive impact** Https://www.ccacoalition.org

Philips (2019), **productos y servicios circulares, como podemos impulsar la economia de la circularidad** https://www.philips.es

PSA (2021), **pagos por servicios de los ecosistemas** https://www.speaknature.eu

Repsol (2023) **que es la economia circular y porque es importante** https://www.repsol.com

Retama (2024) **Economia circular el camino hacia el infinito sostenible** https:// www.retema.es

.   SEN Innova (2023) Optimización de Recursos impulsando la economia circular hacia la sostenibilidad https://seninova.com

Catedra UNESCO (2016**) Sostenibilidad** http://www.unescosost.org

Universidad Bocconi, Fundacion Ellen MacArthur e Intesa Sanpaolo (2021), the circular economy as a de-**risking strategy and driver of superior risk-adjusted returns** https://www.elenmacarthurfoundation.o

Printed by Books on Demand GmbH, Norderstedt / Germany